力学奇境

MECHANICAL WONDERLAND

日常现象背后的 科学秘密

SCIENTIFIC SECRET

王永健 李骅 张姝姝 ◎ 著

清华大学出版社
北京

图书在版编目 (CIP) 数据

力学奇境：日常现象背后的科学秘密 / 王永健，李骅，张姝姝著. -- 北京：清华大学出版社，2025.9. -- ISBN 978-7-302-70178-1

Ⅰ. O3-49

中国国家版本馆CIP数据核字第2025PJ7447号

责任编辑：刘　杨
封面设计：何凤霞　王　蕊
责任校对：薄军霞
责任印制：丛怀宇

出版发行：清华大学出版社
　　　　　网　　　址：https://www.tup.com.cn, https://www.wqxuetang.com
　　　　　地　　　址：北京清华大学学研大厦A座　　　　邮　　编：100084
　　　　　社　总　机：010-83470000　　　　　　　　　邮　　购：010-62786544
　　　　　投稿与读者服务：010-62776969, c-service@tup.tsinghua.edu.cn
　　　　　质量反馈：010-62772015, zhiliang@tup.tsinghua.edu.cn
印　装　者：小森印刷（天津）有限公司
经　　　销：全国新华书店
开　　　本：165mm×235mm　　　印　　张：16.25　　　字　　数：237千字
版　　　次：2025年9月第1版　　　　　　　　　　　　 印　　次：2025年9月第1次印刷
定　　　价：79.00元

产品编号：108895-01

江苏省力学学会科普丛书

编审委员会

主　任：马立涛

副主任：刘海亮　唐釜金

成　员：王茜茜　宋馨培　郑紫月　申　姣　朱以民

序

日常生活中，我们每天都会见到无数看似平凡的现象。也许，这些日常生活中的现象真的太平凡了，以至于我们司空见惯，从不去深究背后的缘由；或许，这些现象太简单了，简单到我们自以为完全理解其科学原理。这种惰性的思维，其实会限制我们的想象力。

事实上，平凡的现象背后可能隐藏着未被发现的力学理论，简单的现象背后也可能暗藏着复杂的力学原理。所有的力学理论，都是基于日常生活中的现象不断发展起来的。就像牛顿看到了苹果落地，总结出了万有引力。对日常生活中各类现象细致观察、总结规律、形成理论，并预测新的现象，这一套科学的思维方法，对青少年尤为重要。

本书将日常生活中习以为常的各类现象与其力学解释完美结合，巧妙地运用这些熟悉而又容易被忽视的场景，使一些复杂的力学概念变得易于理解和接受，带领读者踏上一段奇妙的科学探索之旅。它没有教科书式的阐述，更像是一个朋友，在你耳边轻声细语，讲述着那些藏匿于日常生活中的力学秘密。一篇篇的科普短文，就是一个个生动的力学案例，让读者在不经意间掌握原本可能觉得晦涩难懂的知识点。

全书语言精练，兼顾科学性和可读性。作者用幽默风趣的语言，配以精美的插图，使得阅读过程既轻松又充满乐趣。即便是对力学 / 物理学没有太多了解的读者，也能被书中丰富多彩的内容吸引，进而产生浓厚的学习兴趣。这种寓教于乐的方式，无疑让力学变得更加"平易近人"。

本书不仅能够激发青少年对科学的兴趣，还能帮助他们在日常观察中培养科学思维能力。对教师来说，书中的许多例子都非常适合作为课堂上的教学案例讨论素材，教师可以根据这些内容设计有趣的实验或项目，让学生亲自动手验证力学原理，从而加深理解和记忆。对于家长来说，这本书也是一个极好的亲子互动指南，它能提供许多热门话题讨论的灵感，促进家长与孩子之间的互动交流。

　　本书借助一个个日常生活中遇到的案例，深入浅出地探究背后的力学原理，在普及科学知识的同时，也具有很好的启发性。一方面，读者可以根据作者的分析思路，学会科学的思考逻辑；另一方面，多样性的案例能提供跨学科的视角，使得本书不仅仅局限于力学本身，而是扩展到了更广阔的知识领域，为读者打开了新的视野。

　　本书第一作者在力学领域深耕近 20 载，从事教学工作 10 余年，从事科普工作近 8 年，始终活跃在科研、教学与科普工作的第一线。他不仅拥有扎实的学术背景，而且对普及科学知识充满了无限的热情。这种热情贯穿全书始终，将感染着每一位读者，让他们在阅读过程中更加投入，更加享受探索未知的乐趣。

　　力学科普书籍相对较少，本书是一本与力学相关的难得的科普佳作。它既适合青少年等业余爱好者作为拓展学习资料，也适合教师当作教学案例的参考素材。让我们跟随作者的脚步，一起探索这个神奇的世界吧！

2025.7

高存法，南京航空航天大学教授，博士生导师，国家级教学名师，航空航天结构力学及控制全国重点实验室常务副主任。

自序

力学是一门很神奇的学科。作为物理学的一个基础分支，它既有直观易懂的一面，也存在深层次的复杂性，这往往让人又爱又恨。得益于九年义务教育的普及，人们可以对现实生活中遇到的一些力学问题进行点评，似乎日常生活中的力学问题已经成为小儿科问题，没有一点难度。但是，力学也是很多人望而却步的学科，复杂的理论分析、严密的逻辑推理以及实际的力学计算，都是对理解能力的挑战，出现"点评容易计算困难"的局面。

力学是一门很有意思的学科。它既是基础研究，也是应用研究，很难单独归类。力学中有很多的理论需要探讨，揭示物体受力的本质，探寻万物的变化规律，这属于基础研究。力学又可以直接应用于汽车、飞机、卫星、轮船等行业的研发，提供更安全、更经济的产品，这属于应用研究。正如钱学森所言，工程力学走过了从工程设计的辅助手段到中心主要手段的历程，不是唱配角，而是唱主角了。力学已成为工程实际中连接理论与实际的桥梁。

力学是一门很有趣的学科。很多日常生活中的现象背后，说不定藏着巨大的力学发现。伽利略发现，小球沿着斜面滑落，会一直向前，由此发现了惯性；牛顿因一棵苹果树顿悟了万有引力；冯·卡门发现，对称的水流流过对称的圆柱体，会出现不对称的交替旋涡，提出卡门涡街的形成理论；文丘里发现，水流在流过变窄的通道时流速会增大，提出文丘里效应，该效应可以用伯努利方程表达。力学发展至今，已经形成较为完备的力学体系，但是没有人敢打包票，现有力学体系可以解释日常生活中的所有现象。

大部分生活中的日常现象，都可以用现有的力学体系解释。但是，**有时候同一个日常现象，不同人的解释却大相径庭**。背后的原因，还是在于对力学的理解的差别。例如，中学物理为了简化问题，将研究对象视为质点，即一个有质量没有形状的点，忽略形状之后，无论是受力分析，还是运动计算，都变得非常简便。但是，日常生活中并没有质点，形状的影响有时候不可忽略。所以，想要对日常生活中的现象形成正确的力学解释，必须对力学有更全面的了解。

本书从公共安全的力学防线、科技前沿的力学推手、体育竞技的力学艺术，以及影视动画的力学幻想 4 个方面，对涉及日常生活中的现象进行力学解释。读者不仅仅可以了解这些日常生活现象背后的力学缘由，**更可以养成严密的科学分析逻辑**，而后者才是本书希望能够实现的真正意义。

全书共 40 篇力学科普短文，全部精挑细选自作者团队从事科普工作近 8 年来的科普图文和科普视频，并用近两年的时间进行谋划和重新创作，**力求趣味性与科学性并存**。希望本书能成为读者的好朋友，为你们在学习与休闲时带来新的知识与启发，**更期望它能激发大家对新事物持续的好奇心与开放的心态**。

作者团队长期活跃在科研、教学和科普的第一线，通过教学和科研工作增强科普内容的科学性，利用科普和科研成果增加教学的趣味性，而教学和科普也可为科研提供新思路，努力实现三者之间的和谐统一。**本书不仅适合青少年课外自主学习，也可以作为教师在课堂上的教学案例**，引导学生掌握相关的力学知识，培养他们的力学思维能力。

限于作者水平，书中不足之处在所难免，还望读者朋友们批评指正、不吝赐教。

2025 年 6 月 7 日于南京农业大学滨江校区

揭开力学魔法的神秘面纱
——欢迎走进力学奇境

当你清晨推开窗感受微风拂面，当你用筷子夹起晶莹的面条，当你看到落叶打着旋儿飘向地面 —— 这些习以为常的瞬间，都藏着力学的魔法。"力"这个看似熟悉的字眼，如同一张细密的网，编织着我们生活中的每一个动作、每一种现象。从儿时掰手腕时憋红的小脸，到长辈那句"加把劲"的鼓励，力早已悄悄潜入我们的生活，等待被揭秘。

还记得小学课本里那个神奇的发现吗？二年级时，我们惊叹于力能改变物体的形状和位置：《科学》（苏教版）课上，橡皮在推力下滑动，弹簧在拉力中伸长，这些简单的实验像一把钥匙，打开了我们对力的认知之门；四年级的课堂上，我们又惊喜地发现，力原来无处不在，就连走路时鞋底与地面的摩擦，都藏着力的学问。这些童年的科学启蒙，让力学在我们心中种下了好奇的种子。

踏入初中校园，力学的大门向我们完全敞开。在这里，我们发现力不再是单纯的"推"与"拉"，而是与运动、能量紧密相连的奇妙世界。从操场上奔跑的速度测算，到潜水时神秘的浮力现象；从牛顿第一定律揭示的惯性奥秘，到阿基米德原理带来的灵感迸发——初中物理像一位魔法师，将生活中的谜题变成了可以用公式解答的科学奥秘。

高中阶段，力学的探索之旅进入了更精彩的篇章。当我们开始用加速度描绘赛车的风驰电掣，用量角器分析斜拉桥的受力平衡，力学不再是课本上的文字，而是变成了可以解释世间万物运动规律的神奇密码。胡克定律揭示了弹簧的倔强个性，能量守恒定律则像一位公正的法官，守护着宇宙中能量的平衡法则。

你以为这就是力学的全部？大学物理会笑着告诉你："好戏还在后头！"在这里，我们化身物理世界的侦探，剖析刚体定轴转动的精妙舞步；我们成为严谨的数学家，用三大定理解开复杂的力学谜题。从旋转的陀螺到航天飞机的轨道计算，大学物理将力学的奥秘展现得淋漓尽致。

然而，六年的物理学习不过是叩响了力学世界的大门。当我们试图解释挑夫的扁担为何能承载百斤重物，当我们好奇高楼大厦如何抵御狂风地震，就需要走进《理论力学》与《材料力学》的奇妙课堂。这些课程如同解锁新世界的密钥，让我们得以用更专业的视角，破解生活中那些看似不可能的力学谜题。

而这还远远不是终点。在桥梁的钢筋铁骨里，在机械齿轮的精密咬合中，弹性力学与结构力学正等待着我们去探索。它们将带我们深入力学的核心，揭开更多隐藏在日常现象背后的科学秘密。

亲爱的读者，力学的世界远比你想象的更加精彩。每一次指尖划过书页，都是一次与科学的对话；每一个疑惑的解开，都是一次认知的飞跃。现在，就让我们一起翻开这本书，踏上这场充满惊喜与发现的力学奇境之旅吧！

目录

第三篇

体育竞技的力学艺术

第四篇

影视动画的力学幻想

第一篇

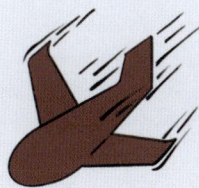

公共安全的力学防线

公共安全知识的普及，除灾害预防和有效逃生外还
应理解其背后的力学成因

1

毁天灭地，地震预测难解谜

🗓 事件背景

还记得 2008 年 "5·12" 汶川特大地震吗？那是我国几百年以来最严重的地震灾难之一，破坏力极强，影响范围极广，造成的损失也特别重大，救援工作更是困难重重。为了记住这段历史，也为了提醒大家提高防灾意识，从 2009 年开始，我国将每年的 5 月 12 日设立为全国防灾减灾日。

其实，地球就像个调皮的孩子，时不时就会 "抖一抖"，也就是发生地震。在全球范围内，地震可以说是 "家常便饭"，只不过大多数都是小打小闹，不会造成什么破坏。真正让人害怕的是那些偶尔出现的 "大家伙"，它们才是造成巨大灾难的罪魁祸首。最近四年，世界各地发生不少这样的大地震。

近四年世界各地地震不完全统计表

时间	地点	震级	最高烈度	震源深度	伤亡情况
2024 年 4 月 3 日	中国台湾花莲海域	7.3	9	12km	18 人遇难，1155 人受伤，另有 2 人失联
2024 年 1 月 23 日	新疆维吾尔自治区阿克苏地区	7.1	9	22km	1 人受伤
2023 年 12 月 18 日	甘肃省积石山县	6.2	8	10km	151 人遇难，983 人受伤
2023 年 2 月 6 日	土耳其	7.8	12	20km	2 次强震，50500 人遇难

续表

时间	地点	震级	最高烈度	震源深度	伤亡情况
2022 年 9 月 18 日	中国台湾花莲	6.9	无数据	10km	1 人遇难，171 人受伤
2022 年 1 月 8 日	青海省门源县	6.9	9	10km	10 人受伤
2021 年 8 月 14 日	海地	7.3	无数据	10km	2207 人遇难

💬 提出问题

你有没有想过，为什么我们可以提前知道明天会不会下雨，却无法准确预测地震的发生时间呢？地震的不可预测性给人类带来很大的困扰，那么当地震真的来袭时，我们应该如何采取科学的逃生措施呢？诸如此类的问题，想必你也能想到很多，并急切地想要寻求答案。

📖 基础知识

板壳运动：地震的主要原因

通常来说，地震的发生主要与板块的运动有关。板块之间的相对运动导致板块相互挤压，从而在板块内部形成了**挤压应力**[①]。随着能量的不断累积，板块运动的能量通过挤压变形被储存在板块内部。当能量累积到一定程度时，会有以下 3 种情况：**压裂**。挤压应力超出板块所能承受的最大应力，板块局部会被压碎，形成断裂。**褶皱**。某些部位的板块层在还未达到其最大压应力的时候，发生失稳[②]变形，这种现象类似于一张纸在两侧受压后向上拱起，最终导致板块的抬升和山脉的形成。喜马拉雅山脉就是这样形成的。**错位**。板块岩层虽然没有被压碎或失稳，但两个板块之间的岩层发生了相对滑动（错位），称为断层滑动，这也是地震的常见成因。

---

① 应力，物体内部任一截面单位面积的受力。它可以反映物体内部某具体局部受力的程度。
② 失稳，失去稳定性，如细长杆两端受压后会突然变弯。

地震类型 [①]

　　地震是地球板块剧烈运动的结果。上述构造地震的 3 种裂隙中，压裂和错位是常见的地震原因。压裂就像脆弱的饼干突然间破碎，错位就像完好的拼图突然错开位置，发生的过程都较为快速。褶皱的过程则缓慢得多，就像喜马拉雅山脉，其也是板块运动的结果，但这是一个漫长的过程，通常不会直接引发地震。

震级：地震释放能量的衡量

　　我们现在用来衡量地震本身强度的等级标度叫作震级，它是根据地震释放的能量划分的，1~9 级，数字越大，地震的威力就越强。通过一个公式，我们可以计算出地震释放的能量到底有多大。举个例子，2023 年土耳其发生了两次 7.8 级大地震，释放的能量大约是 6.2×10^{16}J，这个数字听起来可能有点抽象，但如果说它相当于 1510 万 t TNT 爆炸的能量，是不是感觉可怕多了？而且，地震等级之间的能量差距可不是一点点，如 7 级地震释放的能量差不多是 6 级地震的 32 倍，是不是很惊人？所以，别看地震等级只差一级，威力可差得远呢！

能量　　　　震级

$$E = 10^{4.8} \times 10^{1.5M}$$

地震释放能量计算公式

---

① 地下岩石的构造活动引发的地震称为构造地震，此外还有火山地震和陷落地震。

　　我们平时所说的地震等级，其实并不是直接用能量来换算的，因为目前还没有方法能够直接测量地震释放的能量。那么，地震等级是怎么确定的呢？这要归功于遍布各地的地震监测台。这些监测台里装有灵敏的传感器，就像地球的"听诊器"，能捕捉到从远处传来的地震波。这些地震波会被记录下来，在仪器上显示成一条曲线。曲线的起伏越大，说明地震引起的震动越强烈。

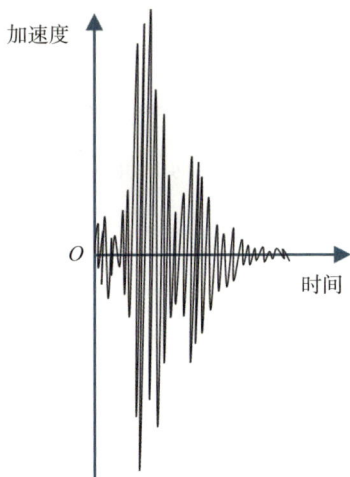

地震监测台测得的加速度数据示意图

　　地震监测台记录的数据主要是不同方向的振动加速度[①]随时间的变化，科学家会把这些数据收集起来，进行综合分析，最终确定地震等级。正因为有这么多监测台的数据作为依据，地震等级的确定通常非常准确。虽然我们没法直接测量地震的能量，但通过这种方式，我们依然可以科学地评估地震的威力。

地震烈度：地震破坏能力的衡量

　　地震释放的能量和它的破坏力有直接关系，但地震的破坏力还受到震源位置和深度的影响。如果震源位置偏远或者很深，即使地震能量很大，对地表的破坏也可能有限。因此，科学家用地震烈度衡量地震实际的破坏力。地

---

① 加速度，衡量速度变化快慢的物理量。

震烈度不仅与地震的能量有关，还与震源的位置、深度以及地表建筑物的分布密切相关。

以 2023 年甘肃积石山 6.2 级地震为例，6.2 级在地震中属于"强震中的小个子"，但它的震源很浅，只有约 10km 深，最高烈度达到了 8 度。震源浅意味地震波在传递到地表的过程中，能量损失较少，更多的能量直接冲击地表。震中距离县城仅仅 8km，再加上震中附近是一个人口密集、建筑物较多的小县城，因此这次地震的破坏力非常强。

简单来说，地震的破坏力不仅取决于它释放的能量，还取决于震源的深浅、距离人口密集区的远近以及建筑物的抗震能力。这就是为什么有时"小地震"也可能造成"大破坏"。

横波与纵波：地震的破坏形式

当地球"发脾气"地震时，它会释放出一种看不见摸不着的能量，叫作**地震波**。这些波就像顽皮的小精灵，从震源蹦蹦跳跳地向四面八方扩散，对人类生活造成破坏的对象之一就是地表建筑物。

地震波家族主要有两个"兄弟"：**纵波**和**横波**。

纵波是个急性子，跑得最快，总是首先到达地表。它会让建筑物像坐过山车一样上下颠簸，就像你用手快速抖动弹簧。如果建筑物本身结实、地基稳固，这种颠簸通常不会对其造成太大破坏，就像小船在水面上随波起伏，整体还算稳定。

横波是个慢性子，跑得慢一些，破坏力却更大！它会让建筑物钟摆一样左右摇晃，就像你左右甩动绳了。对于高层建筑米说，顶层的晃动会特别明显，就像站在摇晃的树枝上，很容易失去平衡。这种剧烈的摇晃会导致建筑物局部受力过大，最终出现裂缝、倾斜，甚至像积木一样轰然倒塌。

由此可见，地震的破坏性不仅取决于地震的震级，还与地震波的传播方式以及建筑物的结构密切相关。为了抵御地震波的"攻击"，我们需要建造更加坚固、抗震能力更强的建筑物，这样才能在地震来临时，守护我们的生命安全。

地震波传播

建筑上下与左右晃动

与地震"斗智斗勇"：如何建造更安全的房子

我们无法阻止地震的发生，但我们可以通过"聪明"的建筑设计，减少地震带来的破坏。如今，高楼大厦拔地而起，它们都遵循着严格的抗震标准，这些标准可不是凭空想象的，而是科学家和工程师根据历史经验和科学研究成果总结出来的"武功秘籍"，如我国专门制定了《建筑抗震设计标准》(GB/T 50011—2010)。

那么，如何才能建造出抗震能力更强的建筑物呢？首先，我们需要加强建筑物的"筋骨"，也就是承力结构。这就像给房子穿上一层坚固的盔甲，可以更好地抵御地震波的冲击。但是，盲目地增加"盔甲"的厚度和质量，会让建筑物变得笨重不堪，不仅限制了楼层的高度，还会增加建造成本。所以，建筑抗震研究的关键在于找到"最佳平衡点"：既要让建筑物足够坚固，能够抵御地震的冲击，又要控制好建筑物的质量，满足现代城市对高层建筑的需求。

这就像走钢丝，需要精密的计算和反复的实验，才能找到最完美的方案。相信随着科技的进步，我们一定能够建造出不畏地震，更加安全、舒适的家园，与地震"斗智斗勇"，守护我们的生命安全。

🧑‍🔬 力学解释

地震预测：一个"拼图"难题

想象一下，地球的外壳就像是由几块巨大的拼图组成的，这些拼图就是我们所说的板块。它们一直在缓慢移动，相互挤压、碰撞，就像两块不规则形状的积木在互相推搡。从理论上讲，如果我们能知道这些"积木"的精确形状和它们之间的相互作用力，我们就可以像解数学题一样，计算出它们会发生怎样的变形、会产生多大的应力，甚至预测出地震发生的时间和地点。

但是，现实情况却比理论复杂得多。我们面临着一个巨大的挑战，就是我们无法准确知道这些"积木"的具体形状。地球内部对于我们来说就像一个"黑箱"，无法直接观察到板块的精确形貌。尽管我们可以通过实验和卫星监测等手段，获取一些板块的力学性质和运动速度等信息，但这些信息还远远不够精确，就像拿着一幅模糊的拼图，我们很难拼出完整的图案。

因此，从力学角度预测地震，目前还面临着巨大的技术难题。我们需要更先进的探测技术，才能揭开地球内部的奥秘，最终实现地震的准确预测。这就像一场充满挑战的科学探险，需要我们不断探索、不断创新，才能最终解开地震预测的难题。

如果未来某一天，精细化的无损检测技术能够像"透视眼"一样准确探测地下形貌，再结合力学分析和人工智能的"超级大脑"，我们或许可以精确计算出板块挤压后的应力、应变和位移，从而预测板块的错位或断裂。也就是说，未来我们有可能通过力学方法实现地震的预测，就像天气预报一样提前知道地震何时何地会发生。

尽管目前我们还无法预测地震，但地震的发生是有前兆的，我们可以实现地震预警。地震预警的原理其实很简单，就是利用纵波和横波的"赛跑"

结果：纵波速度较快但破坏力较小，横波速度较慢但破坏力更大。当地震监测设备检测到纵波时，系统会立即发出预警，为人们争取几秒到几十秒的逃生时间。虽然时间短暂，但这几秒可能挽救无数生命。因此，地震预警技术就像是一位"时间守护者"，是目前减轻地震灾害的重要手段之一。

纵波横波时间差可以预警

地震逃生指南：关键时刻如何保命

当地震来临时，最理想的逃生地点当然是空旷的场地，那里没有建筑物倒塌的风险，是最安全的避风港。但是，地震往往发生在瞬间，尤其是在高层建筑中，人们很难在短时间内逃到室外。那么，我们该怎么办呢？

别担心，网上流传的许多地震自保方法，如躲在卫生间或紧靠结实的物体，其实都有一定的科学依据。

卫生间虽然空间狭小，但正因为如此，它的四周墙壁较为密实，结构相对坚固，能够提供一定的保护。而且，卫生间内通常有水管等支撑结构，进一步增强了其稳定性。

紧靠结实的物体，如承重墙或大型家具，可以降低被倒塌物直接击中的风险，同时也能形成一个相对安全的"三角区"，增加生存概率。

从结构力学的角度来看，地震中建筑的主体承力结构，如柱子和剪力墙，往往是最不容易被完全破坏的部分。虽然楼板可能会垮塌甚至断成多段，但通常有一端会靠在承重墙或柱子上，形成"三角区"。如果选择躲在卫生间，由于其空间狭小，楼板断裂的可能性较低，生存概率比躲在承重墙墙角更高。不过，卫生间的楼板较薄，如果其上方重物过大，仍有可能被压断。

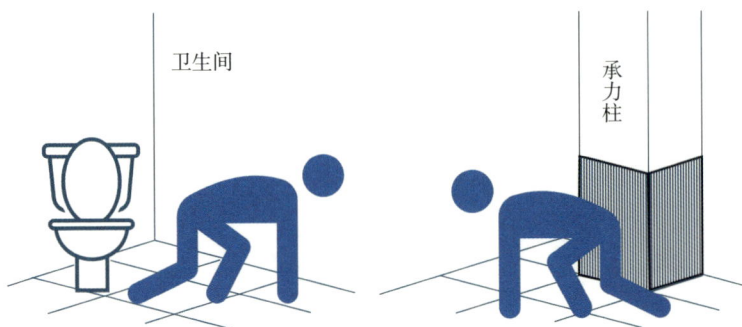

地震发生时躲避位置

当然，这些方法并不能百分之百保证安全，但在紧急情况下，它们仍是我们相对合理的选择。最重要的是保持冷静，迅速判断周围环境，选择最安全的避难位置。当地震来临时，时间就是生命，科学的自保方法能够帮助我们最大限度地减少伤害。尽管这些措施并非万全之策，但它们是我们绝境中的生存希望，能够显著提升存活的概率。

记住，安全第一，预防为主。平时多学习地震逃生知识，进行应急演练，才能在灾难来临时从容应对，保护自己和家人的生命安全。

📖 **扩展阅读**

土耳其地震启示录：双震叠加，破坏力更可怕

2023 年 2 月 6 日，土耳其发生了一场剧烈的地震。这场地震有个极为显著的特点，两次强震间隔时间极短，震中直线距离仅约 96 km，这就好比两个威力巨大的"震动炸弹"，在极短时间内，于相隔不远的地方先后被引爆。很显然，两次震中之间的区域，是除震中区外遭受破坏最为严重的区域。那么，先后两次强震，会对这个区域造成更严重的破坏吗？

当第一次强震来袭时，其破坏范围以震中为中心，如同在平静湖面投入巨石产生的同心圆波纹，由近及远逐渐减弱。许多建筑在这次强震的冲击下轰然坍塌，但也有部分建筑看似完好无损，或仅仅出现部分坍塌。然而，这些表面"坚强"的建筑，**内部结构实则已遭受不可修复的损伤**，如同被蛀空的大树，看似挺立，实则摇摇欲坠，成为潜在的安全隐患。

　　紧接着，第二次强震接踵而至，中间区域再度遭受重创。本就脆弱的建筑在这次冲击下，彻底失去支撑，轰然倒地。而在其他区域，由于两次地震的破坏力一弱一强，整体破坏程度相对小。

　　我们再来探讨一个值得思考的问题：如果两次强震同时发生，其破坏力会叠加吗？从地震波的角度看，**地震波肯定会叠加，但破坏性未必**。地震波叠加后会发生干涉现象，就像水波一样：有些区域地震波叠加后增强，破坏力更大；有些区域则可能相互抵消，破坏力反而减小。因此，在两次强震的中间区域，可能会出现一些建筑坍塌，另一些建筑却完好无损的情形。

波的干涉示意图

　　事实上，**同时发生的强震破坏性反而可能比先后发生的强震小一些**，而且更具可预测性。在不考虑后续再生强震的前提下，那些未坍塌的建筑可以作为避难场所，而不会像先后强震那样，第一次地震后隐藏的内部损伤成为潜在威胁。因此，同时强震虽然破坏力巨大，其后果相对更容易评估和应对。

地震时，你的心跳真的会被操控吗

　　每次地震发生，网络上总会引发一阵热烈的讨论。其中一个话题便是：地震时，人们常常感觉心跳突然加快，这背后是不是地震发出的次声波[①]在"捣

[①] 次声波，频率小于20Hz，不能引起人耳听觉的声波。频率是指1s内完成振动或振荡的次数。

鬼"呢？这听起来颇具科幻色彩，可事实究竟如何？让我们一探究竟。

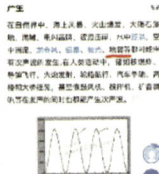

网友的疑问

　　要弄清楚这个问题，应先了解次声波和频率的概念。地震波的频率范围跨度很大，低频部分在 0.001~0.05Hz，中频为 0.05~1Hz，高频则处于 1~10Hz。从这个范围判断，**地震波的确属于次声波的范畴**。

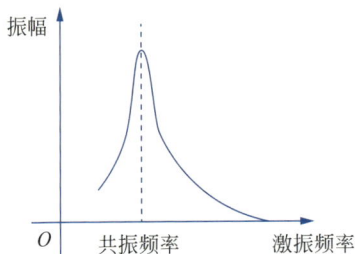

共振

　　再看看我们人体心脏的跳动频率，在 1~1.7Hz，换算一下就是每分钟跳动 60~102 下。网友们感觉地震时心跳加速，这种情况真的是地震波导致的吗？有一种看似合理的解释是"共振"。简单来讲，**共振就是外部振动频率和物体固有频率达到"同步"，从而使振动愈发强烈的现象**。例如荡秋千，当你的推动节奏和秋千摆动节奏一致时，秋千就能越荡越高。那地震波是否也能让心脏产生共振呢？

　　从整体上看，人体的固有频率大概是 5Hz，有些实验还发现，人体在 8Hz 时会出现第二个共振峰。我们身体里的器官，如心脏、肺等，固有频率大多在 5Hz 左右。不过，心脏的某些局部组织，如二尖瓣，固有频率要高很多，正常状态下是 50~120Hz，当二尖瓣关闭不全时，频率会降到 38~102Hz。由此可见，心脏局部组织的频率远高于地震波频率。但**对于心脏整体而言，5Hz 左右的外部刺激似乎有可能引发共振**。

　　然而，实际情况并没有这么简单。地震波并不会直接作用于心脏，它的频率也并非单一的 5Hz。地震波需要先经过地面、建筑物，再传递到我们身体内。在这个传递过程中，虽然频率不变，但能量会大幅削弱，而且人体组织较为柔软，当地震波传到心脏时，能量已经微乎其微。再加上心脏被其他器官、组织液包围，这些"邻居"会使心脏的固有频率升高，让共振更难发生。

所以，尽管地震波的频率范围覆盖了心脏的跳动频率，两者并不会轻易"同频共振"。心脏跳动本身就是一种外部作用的体现，其跳动频率并非固有频率。因此，所谓地震波让心跳加速的说法，虽然听起来新奇，在科学层面上的依据却不充分。

心脏的跳动

有时候，当我们听到低沉的鼓声时，会感觉心脏仿佛也在"共鸣"。其实，这是因为鼓声频率与心脏跳动频率相近，声波传到心脏后，和心脏自身跳动叠加，心跳幅度增大。对于心脏来说，这只是两种振动的叠加，叠加后的振幅增大了，可心跳频率并未加快。

由此推断，网友所说的地震时心跳加速，很可能只是一种错觉。如果真有感觉，大概率不是心跳变快，而是心跳幅度变大。就如同听鼓声时，心脏不会跳得更快，只是跳得更有力。所以，地震时的心跳加速，更多是紧张、恐惧等心理反应导致的，并非地震波在"操控"你的心脏。

2

重力变化，飞机乱流怎防袭

📅 事件背景

当你乘坐飞机的时候，有没有遇到飞机突然抖起来的情况？其实，飞机在飞行过程中，常常会碰上不稳定的气流，这就会导致飞机颠簸。这种颠簸程度轻的时候，顶多让你觉得有点不舒服，可要是严重起来，甚至可能引发伤人事故。

飞机遭遇乱流

2024年5月22日，新加坡某航班正从英国的希斯罗机场朝着新加坡的樟宜机场飞行。不承想飞行途中它突遭极端气流颠簸，导致飞机急剧下降。这一遭后果严重，直接导致2人死亡、71人受伤。飞机只能紧急改变航线，备降泰国曼谷的素万那普机场。

后来，新加坡交通部进行了初步调查。结果显示，这场事故的"罪魁祸首"就是雷暴天气，飞机可能误入积雨云或浓积云，云层产生了强烈的涡流。

当时，飞行员刚接管飞机 21s，飞机所受的重力就像坐过山车一样急剧变化。这么剧烈的变动，给飞机上的乘客和机组人员带来了巨大的冲击。

💬 提出问题

官方通报的初步调查结果中提到了**"重力变化"**，这听起来有些奇怪。我们知道，重力与物体的质量相关，质量不变，一般重力也不变。那飞机上的重力变化究竟是怎么回事呢？重力的变化又为何会将乘客抛飞？急剧变化的重力会让被抛飞的乘客被撞得更严重吗？

▣ 基础知识

层流与湍流：飞机受力稳定与否的根源

在神奇的流体力学世界里，有两种特别的流体运动状态，那就是湍流和层流。湍流还有个名字叫紊流，尽管在我们的生活和各种科学研究里经常出现，但很多人可能对它还不太熟悉。

想象一下，流体就像一群跑步的小运动员在向前跑。在湍流状态下，如果你盯着其中一个"小运动员"，就会发现它跑的路线歪七扭八，特别乱。虽然大家整体上是朝着同一个方向前进，但每个"小运动员"的速度和跑步方向都在不停地随意改变。就像我们看到的河水，要是遇到大礁石，或者河道突然转弯，河水就不再乖乖地平稳流淌，而是会出现好多小漩涡，水流变得歪歪扭扭，这就是湍流现象。

而层流就完全不一样，简直是个"乖宝宝"。在层流状态下，这些"小运动员"跑的路线就像用直尺画出来的直线一样直，流体流动得规规矩矩、稳稳当当。例如，在实验室里，科学家通过仪器控制的那种细细的水流，还有在极端安静、没有一点风的天气里，烟囱里慢慢升起来的炊烟，它们都是一层一层、层次分明并整齐地向上走，每一层之间互不打扰，这就是层流，也叫片流。

层流

湍流

层流与湍流示意图

对飞机飞行来说，层流就像是飞机的"好朋友"。在层流的大气里飞行，飞机受到的空气气流扰动小，因而很稳定，就像有一双温柔又稳定的大手稳稳地托着飞机。这样飞行员就能很轻松、很准确地控制飞机怎么飞，飞机飞起来又平稳又安全。

但是，一旦飞机碰上了湍流这个"小调皮"，情况可就糟糕了。湍流里那些到处乱冲乱撞的气流，就像一群调皮的小捣蛋鬼，不停地朝着飞机的各个地方乱撞。从大的方面看，这些乱撞产生的力量合起来，方向差不多都是朝着飞机后面的，就像在用力拉着飞机不让它往前飞，这就是我们说的空气阻

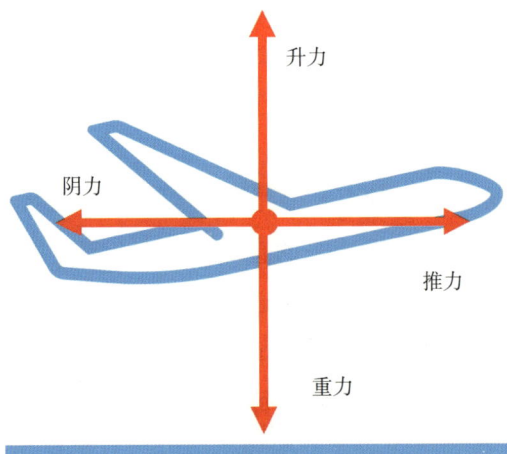

升力

阻力

推力

重力

正常巡航飞机的受力

力。可是从小的地方看，每个小区域受力的大小和方向完全没规律，一会儿大，一会儿小，一会儿朝这边，一会儿朝那边。**这种毫无规律的力，让飞机受力情况变得特别复杂**，飞行状态也变得很难预测，飞机就开始晃来晃去。这就是为什么飞机遇到湍流时，会颠簸得很厉害，严重的话还会让乘客受伤。

湍流：飞行姿态不可控之源

当飞机遭遇湍流后，原本作用在飞机上的水平阻力和垂直升力的稳定性被打破。**湍流的随机性可能会让飞机的升力突然增加**。就好比有一双无形的大手突然用力把飞机往上托，本事件背景中的航班，飞行高度就从原来的11277.6m一下子上升到11402.4m。飞机上的自动驾驶系统检测到飞行高度发生变化后，就会立刻采取措施，它会压低机头，试图维持原来的飞行高度。在湍流中，保持飞机的平衡至关重要，而此时自动驾驶压低机头的操作其实比较危险。因为飞机周围的气流本就不稳定，这样的操作可能会让飞机的姿态变化更加难以控制。

控制面

因此，飞行员在察觉到异常后，立刻接管飞机，改为手动控制。这时，飞机会从水平飞行转为俯冲状态。在这个过程中，飞机的控制部件，如副翼、襟翼、升降舵等，都会偏离原来的位置。这些部件就像是飞机的"小翅膀"和"小尾巴"，用来控制飞机的飞行方向和姿态。而当湍流撞击到这些偏离的控制面后，因为湍流状态力的方向是随机的，会给飞机的姿态控制带来更大的麻烦。要知道，这些控制面区域可是飞机的敏感区，是专门用来调整飞机姿态的，现在却被湍流搅得"一团糟"，飞机的飞行安全面临巨大的挑战。

力学解释

加速度变化：重力变化的直接原因

所谓重力变化，实际上是飞机加速度的变化。简单来讲，重力就是地球引力在测力器上显示的读数。当我们站在地面上时，静止的测力器读数就代表了引力大小。**但要是测力器本身有加速度，读数就会跟着改变。**就像航天员在太空中处于失重状态，他们几乎感受不到重力，就是因为航天器在高速运动中产生的加速度影响了对重力的感知。

回到这次飞机遭遇湍流的情况，飞行员接管飞机时，机头已经下压，飞机正处于加速状态，加速度约为 1.35G（G 为重力加速度）。想象一下，你坐在一辆急速加速的汽车里，那种强烈的推背感，就是 1.35G 加速度给人体带来的感受。据媒体报道，飞行员发现空速异常增加后，赶紧打开减速板来减速。这一操作后，加速度一下子变成了 –1.5G。从 1.35G 变化到 –1.5G，这么大的变化仅仅在 0.6s 内就完成了。

这两次加速度变化，数值看着好像不是特别夸张，但变化速度快得惊人。前一刻你还被强烈的推背感压在座位上，下一秒，因为突然减速，在 0.6s 内，人体由于惯性，就像被一只无形的大手猛地往前拽，整个人会被向前抛出。哪怕 –1.5G 的加速度本身不算大，可要是没系好安全带，在这种俯冲减速状态下，人就会重重地砸向前下方。

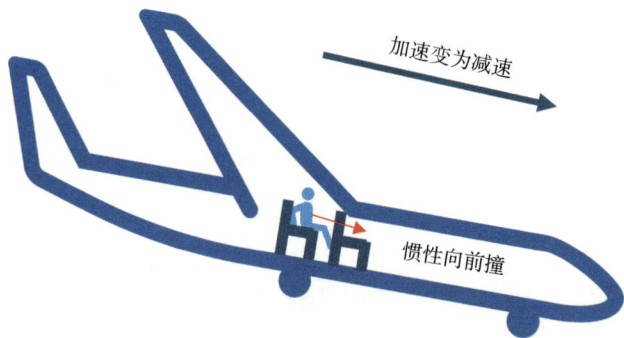

加速变为减速

惯性向前撞

人体因惯性向前撞

还没完呢，紧接着在 4s 内，飞机又经历了从 –1.5G 到 1.5G 的加速过程。与前一次比，这次加速度变化没那么迅猛，但之前已经因为减速向前砸出去的人，身体还没来得及稳住，又会再次被甩向后上方，因为这时飞机处于俯冲加速状态。这一来一回，就像坐疯狂过山车，只不过这可不是什么刺激的游乐体验，而是实实在在的危险。

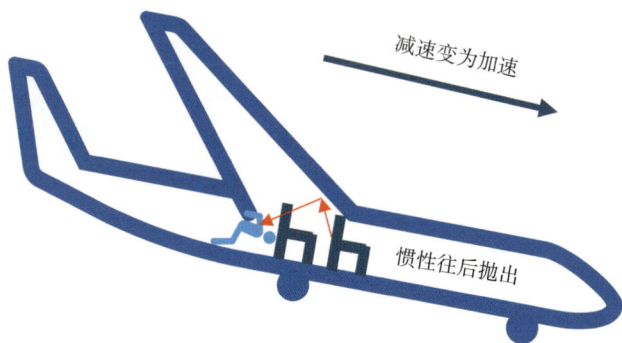

减速变为加速

惯性往后抛出

人体因惯性往后抛出

撞击力的大小

第一次加速度的变化非常剧烈。想象一下，飞机在湍流中飞行，就像一个人在狂风暴雨中艰难前行，而这第一次加速度的变化，简直如同突然被狂风猛推又猛拉。仅仅 0.6s，飞机的加速度就从 1.35G 急剧下降到 –1.5G，这速度，快得让人来不及反应。以 1.5G 计算，短短 0.6s 后，前后速度差达到了约 9m/s。这意味着什么呢？打个比方，要是人体以这个速度撞向前方，就好比从 5m 高的地方，毫无防备地直接跳下来，那冲击力，一般人的身体根本扛不住。幸运的是，座位前方是前排座位，不像硬邦邦的水泥地，能稍微起到一点缓冲作用，可即便如此，危险程度依然不容小觑。

相比于第一次，第二次加速度的变化略微轻缓一些。在 4s 的时间里，飞机从 –1.5G 加速到 1.5G，别看这过程长了点，4s 后的速度差却更大，约有 60m/s。这够吓人的，但好在人体和飞机是同时在减速，所以实际撞击速度并没有那么夸张。然而，新的危机出现了，飞机向下加速时，就像一个调皮的巨人在摇晃玩具，会把人抛飞起来，在机舱里反复撞来撞去。要是不小心撞到头部等人体关键部位，后果不堪设想。这次事故有乘客伤亡，很可能就是这个缘故。

这场惊心动魄的事故，给我们所有人都上了一堂深刻的安全课，安全带的重要性怎么强调都不为过。不管是坐飞机翱翔天际，还是坐汽车驰骋大地，都一定要把安全带系好。安全带就像是我们的贴身保镖，在关键时刻，紧紧地把我们固定在座位上，稳稳地守护着我们的出行安全，让我们免受加速度剧烈变化带来的伤害。

3

鸟撞飞机，风挡玻璃缘何脆

📅 事件背景

在浩瀚无垠的蓝天之上，飞机承载着人们的梦想与期待穿梭其中。然而，飞行途中偶尔也会遭遇意想不到的危机。接下来，让我们回顾两起惊心动魄的航空事件，了解高空中的惊险瞬间以及背后的科学知识。

鸟撞

2018 年 5 月的一天，四川航空（以下简称川航）一架航班正从重庆向着拉萨平稳飞行。在万米高空，驾驶舱一侧的风挡玻璃毫无征兆地发生破裂，情况十分危急。但机组人员凭借着丰富的经验、过硬的专业技能和顽强的意志，最终成功让飞机在成都安全备降，机上所有乘客得以平安脱险。

时间来到 2023 年 1 月，华夏航空（以下简称华航）一架飞机从杭州萧山机场起飞后，在约 1630m 的高度异常盘旋了整整 1h，随后选择返航降落。

通过媒体发布的照片，人们惊讶地发现，这架飞机的风挡玻璃同样出现了破裂。消息一经传出，网络上便掀起了热议，其中，"鸟撞事故"的猜测沸沸扬扬。毕竟，鸟类与飞机的高速碰撞具有极大的破坏力，是威胁飞行安全的重要因素之一。但随着调查的深入，后续的媒体报道中明确排除了鸟撞的可能性。

💬 提出问题

这两起事件看似偶然，却也为我们敲响了飞行安全的警钟。飞机的风挡玻璃难道这么脆弱？空中基本没有障碍物，为何会轻易破裂？另外，第二起事故中，网友一开始猜测的鸟撞究竟是什么，瘦弱的小鸟真的能够撞裂坚硬如钢的飞机玻璃？

📖 基础知识

飞机起降：鸟撞的多发时刻

在天空中，飞机是庞然大物，鸟类则是灵动的小生灵。大家有没有想过，它们之间会不会发生碰撞呢？其实，飞机大部分时间都在万米高空巡航，这个高度几乎没有鸟类飞行，所以在巡航阶段，飞机和鸟类碰撞的可能性微乎其微。

那么，什么时候飞机有可能和鸟类"狭路相逢"呢？答案是起飞和降落阶段。因为这两个阶段，飞机在机场附近，而机场周边的环境相对复杂，鸟类活动更为频繁。不过，大家也不用太担心，因为机场早就有应对之策。

机场通常会配备各种驱鸟设备，如超声波驱鸟器，它能发出让鸟类感到不适的超声波，让它们远离机场；还有一些特殊的音响设备，会播放鸟类天敌的声音，或者模仿危险的声音，以此驱赶鸟类。另外，机场附近禁飞无人机，这不只是为了防止无人机干扰飞机正常起降，也是为了避免无人机惊吓到鸟类，让鸟类慌不择路地冲向飞机，引发鸟撞事故。

正是有了这些周全的防护措施，才大大降低了飞机与鸟类碰撞的风险，保障了我们的飞行安全。

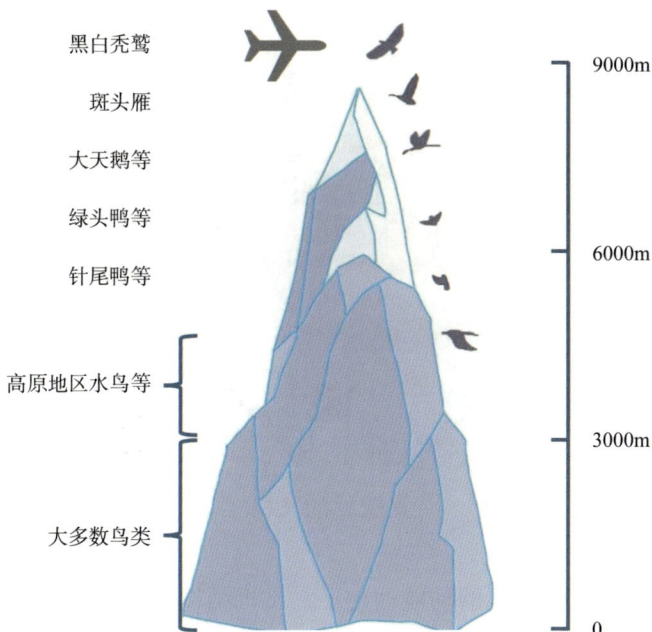

黑白秃鹫
斑头雁
大天鹅等
绿头鸭等
针尾鸭等
高原地区水鸟等
大多数鸟类

9000m

6000m

3000m

0

鸟类的飞行高度

👦 力学解释

小鸟撞飞机：为什么"鸡蛋碰石头"也能赢

虽然鸟撞飞机的事故概率很低，但一旦发生，后果往往非常严重。即使是看似柔弱的小鸟，也能在高强度航空合金和玻璃上撞出凹痕、裂缝，甚至直接撞破。这究竟是为什么呢？

关键在于速度。 飞机在空中飞行得非常快，普通客机巡航速度可达800~900km/h，起飞速度也有200~300km/h，这比高速公路上的汽车快得多。在如此高速下，即使小鸟般的物体，也拥有巨大的动能。

想象一下， 当飞机以800km/h的速度飞行时，即使空中的小鸟速度为零，飞机撞击小鸟，小鸟的相对动能相当于一颗小型炮弹。虽然小鸟的肉体强度

鸟撞后的飞机

远不及航空材料，在巨大的动能冲击下，飞机结构来不及响应，内部应力无法及时扩散，材料就容易发生破损。

为了应对鸟撞威胁，飞机制造商在设计阶段就会进行严格的鸟撞试验。不过，试验用的不是真鸟，而是鸡。这是因为鸡的大小和质量与常见的飞鸟相近，而且更容易获得和控制。**鸟撞试验的过程是这样的：** 将鸡装入一个特殊的发射装置，然后以高速喷射出去，撞击飞机的关键部位，如发动机、机翼、风挡玻璃等。通过模拟不同速度、角度和位置的撞击，工程师可以评估飞机的抗鸟撞性能，并进行相应的改进。然而，即使经过精心设计和测试，也无法保证飞机能够完全抵御鸟撞。鸟撞设计的目标是尽可能降低风险，但完全避免撞击造成的损坏是不现实的。

因此，除改进飞机设计外，还需要采取其他措施减少鸟撞事故的发生，如加强机场周边的鸟类监测和驱赶，优化飞行路线避开鸟类迁徙通道等。

总而言之，小鸟撞飞机看似不可思议，背后却蕴含着深刻的物理学原理。通过科学研究和不断改进，我们可以最大限度地降低鸟撞风险，保障航空安全。

飞机风挡玻璃破裂之谜：探寻隐藏在高空的安全隐患

这两起事故，最后都证实与鸟撞无关，那么玻璃为何"无缘无故"破裂呢？其实，这背后有着复杂的原因。

1）内外压差的挑战

为了给机舱内的乘客和机组人员提供安全又舒适的环境，飞机舱内的空调系统可不简单，除调节温度外，还具备压强维持功能。当飞机在万米高空巡航时，那里的气压大约只有地面大气压的30%，人类在这样的气压下根本无法生存，所以必须给舱内加压。这就好比给一个气球打气，飞机内部压强高，外部压强低。在这种情况下，**飞机的整个结构都承受着额外的力**，风挡玻璃也不例外。

不过，在华航的那次事故中，内外压差导致玻璃破裂的可能性较小。因为事故发生在起飞后不久，当时飞机的飞行高度还不到2000m，飞机内外的压差并不大，还不足以让风挡玻璃承受过大的压力而破裂。

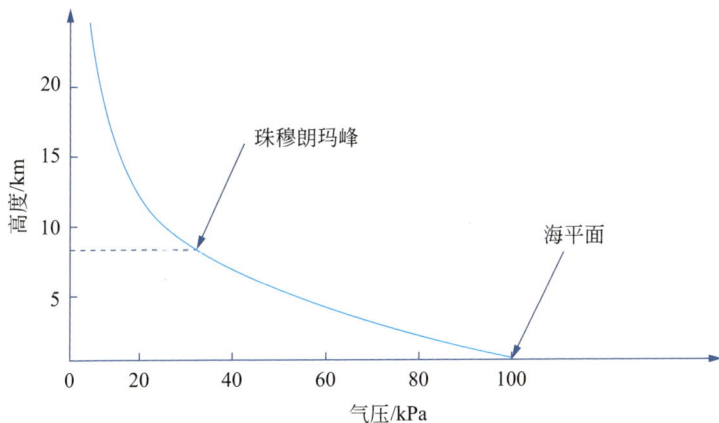

大气压随高度变化

2）温度变化的影响

飞机的空调系统维持舱内舒适温度，让人们在飞行中感觉良好。但舱外的温度状况就大不相同了，尤其是在万米高空，气温低至零下50℃，这对人类来说是极其恶劣的环境。对于飞机的风挡玻璃而言，它的内外两侧存在着巨大的温差。**内侧温度较高，玻璃会膨胀；外侧温度低，玻璃则会收缩。**这种膨胀和收缩的不一致，会引发风挡玻璃变形不协调，从而产生温度应力。一旦这个温度应力超过了风挡玻璃的承受极限，玻璃就可能发生破裂。

在华航事故发生当天，杭州的气温是 1~10℃，中午 12 点左右气温大概在 7~8℃，而舱内气温一般保持在 25℃ 左右。相较于高空的零下 50℃，在起飞阶段，风挡玻璃内外的温差大约只有 15℃，所以单纯是温度应力导致玻璃破坏的可能性不大。而川航事故发生时，飞机正处于高空，巨大的温差就很可能是玻璃破碎的原因之一。

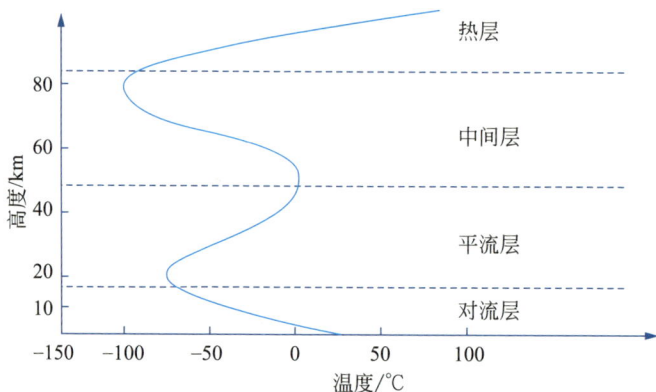

气温随高度变化

3）材料老化的隐患

材料老化可能也是导致风挡玻璃破裂的一个重要因素。据网友透露，华航的这架飞机的机龄为 4.8 年。一般来说，一架飞机的设计寿命是 25~30 年，客机平均服役时间约为 10 年。4.8 年的机龄对于飞机寿命来说，还是"少年时期"。然而，在这 4.8 年里，飞机频繁地起起降降，每一次起降都会伴随着巨大的内外压差和温度差。这种变化会形成一种低周的循环载荷，如此长期作用下会引发低周疲劳。久而久之，玻璃或者其边框内部就会产生肉眼难以察觉的损伤。这些损伤积累到一定程度，就可能导致玻璃瞬间破裂。

低周疲劳引发损伤累积

4）其他潜在因素

在飞行过程中，飞机结构可能会发生变形，这会使风挡玻璃四周的结构也跟着发生变化。有的地方会受到挤压，有的地方则会变得松弛，从而产生"装配应力"。原本安装好的玻璃，各个部位受力均匀，能够稳定地工作。但结构变形后，某些局部地区的受力会突然增大，一旦超过了玻璃能够承受的临界载荷，就会引发玻璃破碎。

飞机风挡玻璃破裂是一个复杂的问题，涉及多个方面的因素。了解这些原因，有助于航空工程师不断改进飞机的设计和定期维护，提高飞行的安全性，让我们在未来的飞行中更加安心。

📖 扩展阅读

航空结构设计：安全与效率的精妙平衡

在神秘而又充满挑战的航空领域，每一次飞机的起飞与降落，背后都离不开精密且严谨的结构设计。这不仅关系到每一位乘客的生命安全，也决定着航空运输的效率与成本。其中，对飞机结构设计中的破坏载荷与安全裕度的把控，行业内有着极为严格且独特的要求。

　　假设我们设计一款飞机的某个关键结构，其破坏载荷设定为 100kg，并且允许有 10% 的上浮空间。那么在进行试验测试时，当施加的载荷达到 110kg，这个结构就应该准确无误地发生破坏。这听起来似乎有些违背常理，为什么要让飞机结构在达到一定载荷时就毁坏呢？难道不是应该让飞机越坚固、越安全越好吗？

　　实际上，安全性在航空领域并非一个简单的绝对值概念，它的提升是没有上限的。在力与结构破坏的这场较量中，就如同"道高一尺，魔高一丈"，永远没有尽头。飞机设计时，都会引入一个安全系数。安全系数取值越大，飞机结构确实会更加安全，因为它能够承受更大的外力而不发生破坏。然而，这背后却隐藏着一些问题。

　　从必要性角度看，在实际飞行过程中，飞机所面临的各种外力是可以通过科学的计算和模拟预估的。如果将安全系数设置得过高，虽然飞机的安全性得到了极大提升，但很多时候这是过度的保护。因为在正常飞行以及绝大多数可能出现的极端情况下，飞机并不需要承受如此巨大的外力。

　　从成本角度考虑，增加安全系数意味着飞机结构强度的富裕程度增大。而强度的提升往往伴随着材料的增加和结构的加固，这直接导致飞机质量的上升。对于飞机而言，质量的增加就意味着飞行成本的大幅提高。每多 1kg 的质量，在飞行过程中都需要消耗更多的燃油，这不仅增加了运营成本，还对环境产生了更大的影响。

　　以机翼的疲劳试验为例，工程师会模拟机翼在各种复杂飞行条件下所承受的交变载荷，以测试机翼的疲劳寿命。在这个过程中，同样需要在保证安全的前提下，合理控制安全系数。如果机翼的安全系数过高，虽然在疲劳试验中表现出色，却会使飞机的整体综合性能受到影响。

　　因此，在航空领域的结构设计中，设计师需要**在安全与经济之间找到一个精妙的平衡点**。既不能为了追求极致安全而忽视成本和实际需求，也不能为了降低成本而削弱必要的安全保障。只有这样，才能设计出既安全可靠又经济高效的飞机，让航空运输更好地服务于人类社会。

飞机舷窗为什么是类圆形的？揭秘"应力集中"的奥秘

当你乘坐飞机时，有没有注意到舷窗的形状？它们并不是方方正正的，而是**类圆形**的。这可不是为了美观，而是为了应对飞机在高空飞行时承受的巨大压力。

类圆形的舷窗有利于降低应力集中

想象一下，飞机在高空飞行时，机舱内外存在着巨大的气压差。为了保持客舱环境舒适，机舱内部需要维持一定的气压，这就使得整个机舱处于一种**内压膨胀**的状态。理想状态下，如果客舱没有任何开口，就像一个封闭的大圆筒，那么内部应力就会均匀分布，每个部位承受的压力都差不多。然而，客舱不可能完全封闭，必须有**舷窗**、**出入口**等开口。这些开口就会破坏应力的均匀分布，导致**应力集中**。

什么是应力集中呢？简单来说，就是几何形状不连续的地方，应力会特别大，就像压力都往这个缺口聚集一样。受力构件的形状、尺寸突变越显著，应力集中就越明显。

为了降低应力集中的影响，就需要避免几何形状的突然变化。这就是为什么飞机上的开口结构，如舷窗，都设计成**类圆形**。圆角可以平滑地分散应力，避免应力在某个点过度集中，从而保证飞机的结构安全。

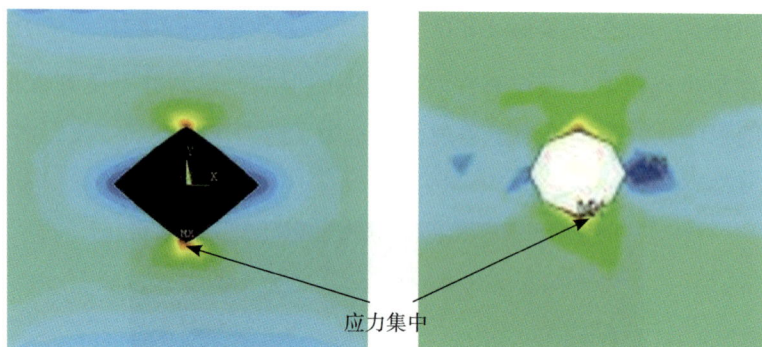

应力集中

方形孔与八边孔的应力集中对比

所以，下次在乘坐飞机时，别忘了欣赏一下舷窗的类圆形设计，它可是蕴含着深刻的力学原理，一直守护着我们的飞行安全呢！

4

沙聚石垒，决堤治理藏智慧

📅 事件背景

    2024 年 7 月 5 日下午，洞庭湖决堤的消息如同一颗重磅炸弹，揪紧了全国人民的心。当天 16 时左右，在华容县团洲垸洞庭湖一线堤防的 19+800 桩号处，管涌险情悄然出现。谁也没想到，这场危机如同被点燃的导火索，迅速蔓延。仅仅一个小时，管涌引发的路面凹陷，就演变成了一个宽约 10m 的决堤口。而时间过去一个多小时，决堤口的宽度竟一下子扩展到了 100m。3h 左右后，缺口更是扩大至 150m。到了第二天 9 时，溃口宽度达到了 220m。11 时左右，溃口进一步加宽，最大宽度达 226m。

    从管涌被发现的那一刻起，当地有关部门就迅速行动起来，抢险工作马不停蹄地展开。工作人员争分夺秒，各种抢险措施纷纷上阵。然而，洪水的力量太过强大，汹涌的浪涛仿佛一头无法驯服的猛兽，各种努力似乎很难阻挡它的肆虐。直到第二天 13 时，封堵溃口的效果才立竿见影。团洲垸决堤口采用双向"进占"的办法，大家齐心协力，与洪水展开了一场激烈的较量。终于，在 7 月 8 日 22 时 33 分，成功完成决堤口的封堵，这场惊心动魄的抗洪抢险战役暂时落下帷幕。

💬 提出问题

    在洞庭湖团洲垸决堤抢险中，从发现管涌到开始正式封堵用了近 21h。如果说前期准备不足，缺乏石块来封堵缺口，造成缺口越来越大，尚可理解。但是，后期源源不断的运石车排成一长队，为何还是封堵缓慢？

源源不断的运石车排队等候

基础知识

堤坝结构：抵御洪水的"坚固防线"

堤坝，作为抵御洪水的重要屏障，其结构设计至关重要。让我们以华容县团洲垸洞庭湖一线堤防为例，了解一下堤坝的结构特点及其作用原理。

发生决堤的堤坝在团洲垸的北侧。从地图上看，北侧的这段堤坝并不长，约 2.3km。从卫星云图上可以看到，堤坝北侧（外侧）是一片滩涂农田，平时用于耕种，但在洞庭湖水位上升时会被淹没。

从现场视频可以看到，这段堤坝呈现梯形，且坡度较为平缓。这种上窄下宽的设计，能够有效抵御水压。堤坝的主体主要是土，但在北侧（外侧）由于直接面对湖水冲击，**用石块和混凝土**进行了加固，顶部则铺设了混凝土路面。这些加固措施能够有效避免水流对堤坝土体的冲刷，增强堤坝的抗洪能力。南侧（内侧）为土坡，表层覆盖植被，坡度与北侧大致相同，为 30°左右。

上窄下宽的堤坝在抵御水压时起到了很好的作用。我们知道水压的计算公式 $P=\rho gh$，**即随着水深度的增加，水压呈线性增加**，因此堤坝底部需要承受更大的压力。梯形结构的设计，使得堤坝底部尺寸大于顶部尺寸，能够更好地承受水压，增强了堤坝的稳定性。

土体的堤坝

堤坝示意图

🔍 力学解释

堤坝溃决原因深度剖析：从小细节看大危机

"千里之堤，溃于蚁穴"，这句经典俗语精准地揭示了堤坝安全的脆弱性。以常见的土体堤坝为例，它的内部构造并不像表面看起来那般紧实。堤坝内侧的植被是生态的一部分，其根系在发挥固土保湿功效的同时，也使得土体内部布满孔隙以满足其呼吸需求。不仅如此，蚯蚓穿梭、蚂蚁筑巢、老鼠打洞，这些地下生物的活动让堤坝内部充满了不规则的孔洞，不过，在干燥环境下，这样的土体结构仍能维持相对稳定，具有一定的结构性[①]。

---

① 结构性，是指可以承受一定载荷的外力。

土体存在着空隙和孔洞

通常情况下，这段堤坝不会长时间被水浸泡。当水位正常时，周边还存在可供利用的滩涂区域。但一旦水位大幅上涨，水虽然难以从侧面的混凝土和石块处直接侵入，却能顺着底部薄弱部位渗透进坝体。水就像一个悄无声息的破坏者，**不断侵蚀着坝体内部的孔隙和孔洞**，使得土体逐渐坍塌，导致内部空洞愈发扩大。

水侵入坝体

在溃堤事故初期，**路面出现凹陷就是危险的预警信号**，这是坝体内部土体被水流持续侵蚀的外在表现。地下土体的塌陷，不只是让上方路面出现凹陷，还使侧面的混凝土层在水压的作用下失去支撑，进而出现裂缝甚至坍塌，这无疑给水流的进一步侵蚀滋生了环境。

根据媒体报道，当团洲垸被淹区的平均水深为 5m 时，堤坝两侧水位基本持平，内侧稍高，在风力的推动下，水流产生回流。5m 水深的底部水压相当可观，大约能达到 50kPa。堤坝一旦出现细微裂隙，水压就会瞬间找到突破口，底部土体的流失速度急剧加快。当水流在地下形成贯通通道后，根据**伯努利原理**，狭窄的通道会让水流速度急剧增大，高速水流如同锋利的刀刃，不断冲刷着周围土体，溃堤的缺口也就越来越大。所以从地面最初的凹陷，到形成 10m 宽的决口，可能仅仅在短短约 1h 内就发生了。

通过这些分析，大家可以想一想，在堤坝建设和维护过程中，我们应该采取哪些针对性措施，才能有效避免类似的溃堤悲剧发生呢？

从溃堤抢险看科学救援策略

在该事故早期的抢救视频中，我们能看到救援人员争分夺秒，迅速调来了碎石，他们不仅把碎石倾倒在管涌的入口，甚至将装满碎石的卡车也开过去，试图堵住即将形成的"缺口"。那时，真正的大缺口还没出现，碎石和卡车都堆积在管涌周边。然而令人遗憾的是，这些努力似乎没有达到预期效果。

路面一旦出现凹陷，表明坝体底部的土体已被水流侵蚀并带走。要想阻止水流继续破坏，关键在于堵住管涌通道，切断其水源。**但把碎石和卡车堆在管涌入口，根本无法做到**。尤其是在底部水压较大时，要是没有防水层，切断管涌通道的水源几乎是不可能的事。后期缺口形成，水流从高处汹涌灌入团洲垸，这个时候要是没有合适的工具，救援难度就会变得极大，几乎难以挽回局面。

从力学原理看，一方面，**重力势能**的作用下，高低落差会使得水流速度加快；另一方面，根据**伯努利原理**，水流在缺口处流速也会增大。如此湍急的水流，不断冲刷着两边的土体，导致决堤口越来越大。从视频中可以看到，救援人员仍采用卡车装载砂石倒入缺口，旁边还有船只帮忙灌入砂石。但细小的碎石，即便装在卡车里，也没有形成封闭的整体，在巨大水流的冲击下，根本无法直接下沉。卡车虽然很重，可在强大水流的持续冲刷下，也会渐渐被冲走。

那么，在溃堤早期究竟该如何有效抢救呢？关键在于**补充被水流带走的泥浆**。管涌发生的根源是水体侵入，带走泥沙，逐渐形成通道。如果在溃堤早期就能及时补充泥沙，就可以阻止畅通通道的形成。所以后期在第二防线发现管涌时，及时在压力侧补充大量厚厚的、像沼泽一样的泥浆是个好办法。**泥浆具有黏性**，在静态渗透压作用下，能黏附在土层上，进而堵塞通道。早期填入的细沙，虽然能随水进入管涌通道，但因为没有黏性，根本留不下来。而粗砂和碎石，由于颗粒太大进不了管涌通道，只能堆积在入口，水流还是能从缝隙渗入，它们最多只能起到过滤水的作用，无法切断管涌通道的水源。

厚泥浆可以在早期堵住管涌通道

在后期缺口变大时，如果水流依旧湍急，不管往里面填多大的石块，效果都不理想。因为能运来并填入的石块，体积总归有限，在湍急水流的冲击下，很容易就被冲走。在这种情况下，就需要能横跨缺口的长长的钢筋牢笼，但制作它需要一定时间。有了钢筋牢笼后，再往里面灌入碎石，才有可能让碎石不被水流冲走。

不过，如果水流不大，填入缺口的较大碎石并不会被水流冲走，那么持续灌入碎石，最终就能将堤坝合龙。这也是本次围堵最终采取的有效策略。

5

烈焰焚楼，消防飞机何不启

2019 年 4 月 15 日，一场大火突然降临巴黎圣母院。这场大火来势汹汹，燃烧了 8 小时 40 分钟。尽管基本保住了巴黎圣母院的主体结构，但大火的肆虐还是让许多建筑结构难以逃脱被损毁的命运。经过多年的修复，2024 年 12 月 8 日，巴黎圣母院重新开放。

巴黎圣母院是一座天主教堂，始建于 1163 年，历经 182 年才最终完工。在这段漫长的时间里，中国从宋朝进入了元朝。它之所以被大众所熟知，很大程度上得益于雨果的同名小说。值得庆幸的是，敲钟人卡西莫多居住的塔楼在这场大火中没有受到严重破坏。

巴黎圣母院是欧洲早期哥特式建筑与雕刻艺术的典型代表，其内藏有许多 13—17 世纪的艺术珍品。这类建筑由罗马式建筑发展而来，后来又被文艺复兴建筑所继承，其独特的尖形拱门、肋状拱顶与飞扶壁，成为建筑史上的经典标志。

💬 **提出问题**

面对巴黎圣母院这样的大型建筑火灾，你有没有想过，在科技发达的今天，我们有各种先进的消防设备，其中就有消防飞机。它们能够在高空快速抵达火灾现场，携带大量的灭火物资。但是在巴黎圣母院大火以及很多类似的建筑火灾中，却很少见到消防飞机的身影。这是为什么呢？是消防飞机无法靠近建筑？还是它携带的灭火材料对建筑有损害？又或者是在操作上存在某些难以克服的难题？大家不妨开动脑筋想一想，为什么消防飞机很少用来为建筑灭火呢？

消防飞机灭火效果图

基础知识

探秘哥特式建筑：独特的美学与力学智慧

哥特式建筑，以其别具一格的风格在建筑史上留下了浓墨重彩的一笔，最显著的特点便是"高瘦"。远远望去，它们如同在岁月中拔地而起的修长巨人，外观"瘦骨嶙峋"，线条简洁又凌厉。走进哥特式建筑内部，会发现一个与传统建筑截然不同的景象，这里基本看不到大面积的墙体，取而代之的是琳琅满目的花窗玻璃。阳光透过这些色彩斑斓的玻璃，营造出了梦幻而神圣的氛围。

从结构上剖析，哥特式建筑本质上是框架式结构，立柱和横梁担当起主要的承载重任。对于低层建筑而言，这样的框架结构优势尽显，它不仅拥有足够的承载能力，还节省了大量的墙体材料，用玻璃替代墙体，极大地增加了室内的照明度，让整个空间明亮又通透。

哥特式建筑的精妙之处还不止于此，除横梁外，其内部还有诸多拱形结构，像肋架券、尖肋拱顶以及飞扶壁等。这些拱形结构可不只是为了增添建筑的美观度，从力学角度看，**它们对均布载荷有着更强的承载能力**。当重量均匀分布在这些拱形结构上时，它们能够巧妙地将压力分散传递，使得建筑在历经风雨与岁月的洗礼后，依然能够傲然挺立。

哥特式建筑的立柱结构

力学解释

巴黎圣母院结构的力学剖析：从材料到受力

巴黎圣母院，这座承载着厚重历史与文化的建筑瑰宝，其主体结构选材独具匠心，主要采用石头和木头。在那场大火中，作为主要承载结构的石头立柱，凭借其耐高温的特性幸免于难。在哥特式建筑的标志性拱形结构里，也不乏用石头精心堆叠而成的部分，这些结构不仅是建筑美学的体现，更是力学智慧的结晶。在哥特式建筑的诸多设计中，横梁结构常被巧妙地设计成拱形，赋予建筑独特的魅力与稳固性。

立柱，无疑是哥特式建筑不可或缺的重要承力结构。以单根立柱为例，它主要承受自身重力、屋顶施加的压力以及来自地面的支撑力，在这三种力的相互作用下保持平衡。值得一提的是，石头这种材料具备出色的抗压性能，其抗压强度可达100MPa。基于此，设计师能够在保证立柱承力的前提下，尽量减小其横截面积，从而为精美的花窗留出更大空间，让建筑内部采光更为充足。然而，**横截面积的减小也带来一个弊端，那就是立柱的抗侧弯能力随之降低**。设想一下，如果立柱上方突然受到一个未知的外力作用，那么在立柱底部就会产生较大的力矩。此时，较为纤细的立柱很可能无法承受这一弯矩，进而面临结构失稳的风险。

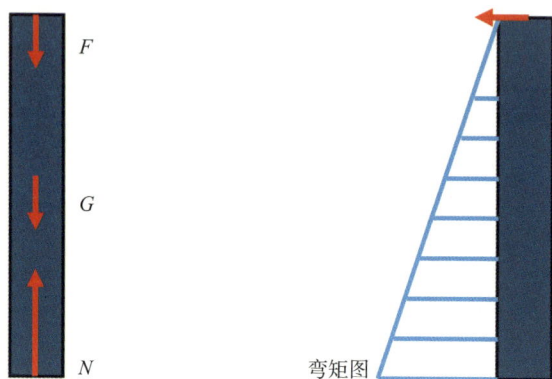

立柱的受力分析

拱形结构，作为哥特式建筑的又一关键承力结构，拥有着源远流长的历史。我国著名的赵州桥便是拱形结构应用的杰出典范，它充分展示了这种结构强大的承压能力。对巴黎圣母院的拱形结构进行受力分析，以其中一块岩石为研究对象，可以清晰地发现，这块岩石始终处于受压状态。拱形结构巧妙地利用了材料抗压性能良好的优势，**将压力均匀分散**，从而显著提升整个结构的承载能力，使得建筑在岁月的长河中稳固屹立。

拱形结构受力分析

再看巴黎圣母院的屋顶，为了减轻自身重量，除部分必要的承力结构选用石头材质外，绝大部分采用了木材。然而，正是木材这一易燃材料，成为此次大火迅速蔓延的导火索。从巴黎圣母院内景图中可以清晰看到，屋顶的主要承力结构与立柱紧密相连，而其他呈棚状的结构，虽然在装饰和防水方面发挥着重要作用，但从力学角度而言，对整体结构的承力贡献不大。

屋顶结构效果图

消防飞机在建筑火灾中的困境：以巴黎圣母院为例

在消防领域，消防飞机一直是应对森林火灾等大面积火情的有力武器。当森林火灾发生时，消防飞机满载着大量的水，迅速飞抵失火区域的上空。随后，舱门打开，水如瀑布般倾泻而下，凭借其超大容量的水箱，对火势进行有效压制。例如，美国最大的消防飞机由波音747改造而来，能够携带高达75m³的水，换算过来就是75t，如此庞大的水量，在森林火灾中发挥着巨大的作用。

消防飞机的救火方式与地面救火截然不同，它并非像地面那样通过水管有控制地喷水，而是利用水的重力，让水直接从高空落下。这种方式的特点是水量大且集中。从物理学角度分析，仅仅1t重的水，从相对高度10m的地方落下，所具备的能量就能达到100kJ。尽管水是液体，相比石头落下时的撞击力没那么大，但1t的水从10m高空落下，其冲击力依然不容小觑，足以把人撞倒，甚至撞晕。而且，质量越大，撞击力也就越大。

现在我们把目光转回到巴黎圣母院。大家都知道，巴黎圣母院的建筑结构呈现出"瘦骨嶙峋"的特点，整体瘦高，这种结构独具美感，但抗侧弯能力相对较弱。当消防飞机在其上空进行救火作业，抛下成吨的水时，受飞机飞行路线的影响，水很难垂直落下。相当一部分水会以一定角度撞向建筑结构的侧面，这对巴黎圣母院来说，无疑是一场灾难。这些落下的水，虽然在一定程度上能够扑灭屋顶的大火，同时可能**直接压垮屋顶，甚至推倒立柱**。此时，消防飞机上落下的水，就如同不会爆炸却威力巨大的炮弹，会直接对它接触到的建筑结构造成毁灭性的破坏。

6

过年嬉戏，擦炮威力何其巨

　　春节，本是阖家团圆、充满欢声笑语的温馨时刻，烟花爆竹的声声脆响，更是为节日增添了浓郁的喜庆氛围。然而，这份热闹背后，却隐藏着不容忽视的安全风险，尤其是"炸下水道"这类令人揪心的事时有发生。

　　回溯至 2024 年除夕前夜，四川巴中的 3 名小学生，或许只是出于孩童的好奇与贪玩，将点燃的擦炮投入了下水道。刹那间，化粪池爆炸，40kg 重的井盖如离弦之箭，冲天而起，竟被炸飞至 30 多米的高空。所幸，仅有一名小同学受到轻微擦伤，可这惊险一幕，仍让人后怕不已。

　　2025 年大年初二，类似悲剧再次重演。四川内江市资中县的一名男孩，不慎将鞭炮丢进化粪池，瞬间引发沼气爆炸。巨大的冲击力使得一辆车被无情掀翻，多辆车也惨遭波及，受损严重。

安全燃放烟花爆竹

这些触目惊心的事故，无疑是一记记沉重的警钟，时刻告诫我们：过节期间，安全燃放烟花爆竹绝非小事，务必时刻牢记于心。从源头加强对孩子的安全教育，让安全意识深深扎根在每个人的心中，才能有效避免类似危险事件再度发生，确保每一个家庭都能在平安与欢乐中度过佳节。

💬 提出问题

在春节这个万家团圆的节日里，烟花爆竹总是能给节日带来喜庆气氛。不少孩童对玩烟花爆竹情有独钟，其实，很多家长朋友也同样热衷于这份乐趣。就拿擦炮来说，它就像火柴一样，轻轻一擦就能点燃，紧接着，只听"砰"的一声，不过短短几秒，就能释放出巨大的声响。

孩童的创造力总是无穷的，把擦炮玩出了各种各样的新奇花样。有的小朋友会在擦燃擦炮后，迅速用盆将它罩住，然后满心期待地看着铁盆被高高掀起，飞向半空；有的小朋友会把擦炮裹上泥巴，再用力扔进小河里，不一会儿，河底就会火光一闪。

但大家知道吗？这些新奇"有趣"的玩法，背后大多隐藏着安全隐患。尤其是对于还没系统学习过力学知识的小朋友，可能不太清楚这些行为中潜在的危险。接下来，我们一起深入了解一下，这些看似"有趣"的烟花爆竹玩法，究竟藏着哪些不容忽视的安全问题。

📖 基础知识

探秘火药：烟花爆竹背后的神奇力量

在过年时，烟花爆竹为节日增添了喜庆与热闹的气氛。而它们产生效果的神奇之处，全都源于关键成分——火药，这可是我国古代四大发明之一。不知道大家是否还记得那句口诀："一硫二硝三木炭"，这是传统黑火药的基本配方。如今，随着科技的发展，现代烟花爆竹里的火药配方已经有了很大改良，不再是单纯的传统黑火药。但无论怎么变，其主要成分依旧是**氧化剂、助燃剂**，再加上一些其他附加剂。

火药效果图

　　这里面的氧化剂属于易燃物质，一旦遇到热或者受到撞击等外力作用，就会迅速燃烧起来。而助燃剂的作用和空气中的氧气很相似，能让燃烧过程更加充分、快速，让烟花爆竹绽放出绚丽的色彩和发出巨大的声响。

力学解释

解锁烟花爆竹背后的安全密码：隐患究竟藏在哪

　　当我们在绚烂的烟花下欢呼，享受着节日的喜悦时，或许未曾想过，这些美丽的绽放背后，隐藏着诸多安全隐患。烟花爆竹在燃放时之所以能产生强大的视觉冲击，其独特的结构起着关键作用。火药被纸质材料紧紧包裹，处于一个相对密封的空间。一旦点燃，火药迅速燃烧，短时间内产生大量气体。这些气体在密封空间里不断淤积，**内部压力瞬间急剧增大**，包裹火药的纸质材料根本无法承受如此巨大的内压。

　　在烟花的设计中，如果下部或上部设有释放压力的小孔，那么高压气体会从这些小孔喷射而出，进而产生推力，这和火箭发动机的工作原理如出一辙，即通过气体的喷射获得前进的动力。要是没有设计这样的小孔，压力无处释放，就只能从中间炸开，发出震耳欲聋的巨响，我们常见的擦炮、鞭炮等便是利用了这一原理。

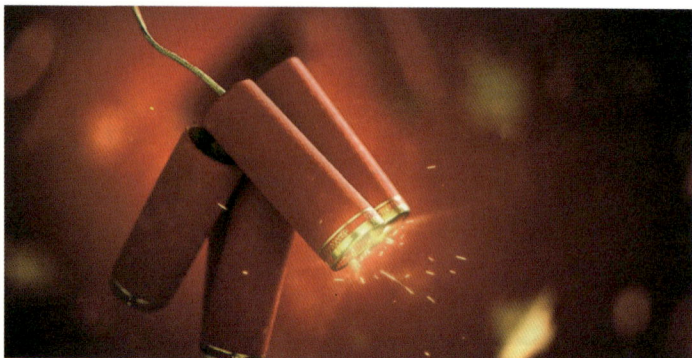

鞭炮爆炸效果图

在通常情况下，单纯的擦炮药量经过严格把控，只要按照正常方式燃放，是相对安全的。然而，当大家玩起一些新奇花样，又不了解其中力学原理时，隐患便悄然滋生。就像前面提到的，将点燃的擦炮用铁盆盖住，爆炸产生的威力足以将铁盆炸飞。一旦有人被这个飞起来的铁盆砸到，后果不堪设想。擦炮爆炸产生的高压气体冲破纸质外壳后，会在盆内迅速聚集。如果盆的质地较薄，无法承受这股冲击力，碎片就会随着冲击波向四周飞溅，如同炸弹爆炸时弹片横飞一般，严重时直接危及生命。这就是此类玩法潜在的安全隐患。春节期间，喝完饮料剩下的啤酒瓶、饮料瓶，很可能会被不了解力学原理的小朋友当作玩具。要是看到这种情况，一定要及时制止。

炸瓶

城里的小朋友喜欢把擦炮扔进下水道。可大家知道吗？每年都有下水道爆炸导致人员伤亡的新闻报道，这种爆炸的威力可比单纯擦炮爆炸的威力大得多，任何人都不得尝试。其背后的原理其实并不复杂，擦炮的爆炸仅仅是个导火索。下水道里的污水和垃圾在微生物的分解作用下，会产生沼气，其主要成分是易燃的甲烷。随着时间的推移，沼气在这个相对封闭的空间里越积越多。当沼气在空气中的含量达到12%~74%时，已然达到沼气的爆炸极限，此时一旦遇到明火，就会引发剧烈爆炸。所以，在这种情况下，真正伤人的其实是沼气爆炸产生的强大威力。

7

踩踏祸咎，挤压受力是根由

2022 年 10 月 29 日晚，韩国首尔的梨泰院，沉浸在万圣节狂欢的热闹氛围中。这是一个充满奇幻色彩的节日，大街小巷都弥漫着欢乐与兴奋的气息，数万名来自各地的人们齐聚于此，身着奇装异服，尽情享受着节日的狂欢。谁能想到，一场可怕的灾难正悄然降临。

某酒店旁的一条狭窄小巷瞬间成为噩梦的开端。这条小巷本就狭窄，长度约 45m，宽度仅 4m，平日里人流量稍大就会显得拥挤，而当晚却被汹涌的人潮塞得满满当当，人与人之间几乎没有间隙。

据媒体报道，这场灾难的起因十分复杂。一些年轻人因饮酒过量，处于醉酒状态，行为不受控制，而个别醉汉更是故意向外推挤，让原本就紧张的人群秩序陷入了混乱。在这样极度拥挤的环境下，一个小小的意外就可能引发连锁反应。当有人不慎摔倒时，后面的人根本来不及做出反应，由于人群的巨大推力，导致其他人接连倒下，最终形成了一层又一层的叠压。

悲剧的结果令人痛心，上百人在这场踩踏事故中失去了生命，无数家庭沉浸在悲痛之中。这样的事件并非只是一个孤立的悲剧，它给我们敲响了警钟，尤其是对于青少年朋友，了解这类事件背后的原因和应对方法至关重要。在今后的生活中，无论是参加大型活动，还是身处人员密集场所，都要时刻保持警惕，注意自身安全，学会保护自己和他人，避免类似的悲剧发生。

💬 提出问题

在我们的生活里，踩踏事故不是经常发生，但偶尔听闻，也足以让人揪心。想象一下，熙熙攘攘的人群中，大家都在朝着同一个方向前行，气氛热烈又充满活力。可就在一瞬间，危险悄然降临，人群中有人突然摔倒，而后面的人由于视线受阻，根本看不见前面发生了什么，出于本能，他们还是继续向前推挤，悲剧就这样发生了。

自 21 世纪以来，这样的悲剧已经发生了多起。例如，2015 年沙特麦加朝觐者踩踏事故最为惨烈，1300 多人的生命消逝于此。2014 年，上海外滩发生令人痛心的踩踏事故，36 条鲜活的生命戛然而止。看着这些触目惊心的数据，我们的内心充满恐惧与疑惑：踩踏事故究竟为何会导致如此多的人员伤亡？那些被踩的人，又为什么会失去生命？让我们一起深入探寻这些问题的答案，只有了解踩踏事故背后隐藏的危险机制，面对类似险境时，才能更好地保护自己和身边的人。

🗔 基础知识

韩国梨泰院踩踏事故：探寻死亡区域的惊人真相

事故地点位于哈密尔顿酒店侧面，一条仅约 4m 宽、45m 长的下坡道路。据媒体报道，令人痛心的死亡事件均集中在这约 18m² 的狭小空间内，当时竟有 300 多人拥挤在这方寸之地，层层叠压，竟叠了 7 层之多。值得注意的是，并非整条小巷都出现了踩踏致死的情况，而仅仅是这一小片区域成了致命的"死亡地带"。

让我们做个简单的计算，以 300 人来算，假设平均体重为 65kg，那么总重量就是 191100N，换算一下，这可是近 20t 重物产生的重力。把这么庞大的重量平均分摊到这 18m² 的范围内，单位面积所承受的力达到了 10617N。这样的压力直观来讲，就相当于人体在没有任何保护措施的情况下，承受着水深 1m 左右的压力。从数据上看，这个压力似乎并不大，也就 10kPa 左右。要知道，10kPa 的压力甚至连骨头都难以折断。

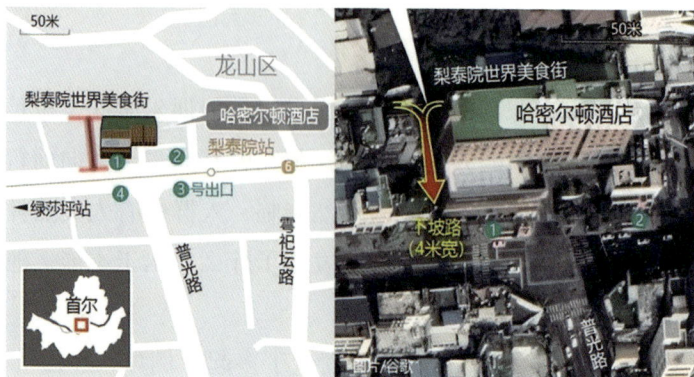

事发地点

但现实却是如此残酷，在这片小小的区域内，众多生命猝然消逝。这不禁让人疑惑，看似并不足以致命的压力，为何会造成如此惨重的伤亡？背后隐藏的究竟是怎样的复杂因素？是人群的恐慌情绪导致自救困难，还是拥挤的空间使得救援难以展开？又或者存在其他不为人知的原因？这些问题值得我们深入思考和探究。

力学解释

韩国梨泰院踩踏事故：致命背后的科学剖析

约 $18m^2$ 的空间里，300 多人层层叠压达 7 层。从力学数据看，按 300 人计算单位面积压力约 10kPa，乍一看，人体似乎能够承受这样的压力。就拿人体骨骼来说，结实的股骨，最大应力接近 175MPa，是这 10kPa 外载压力的 17500 倍；即便是相对脆弱的椎骨，也有 15MPa 左右，所以理论上人体骨骼不会被这 300 多人的重压轻易压断、压碎。不过，理想状态下的均匀受力在现实中很难

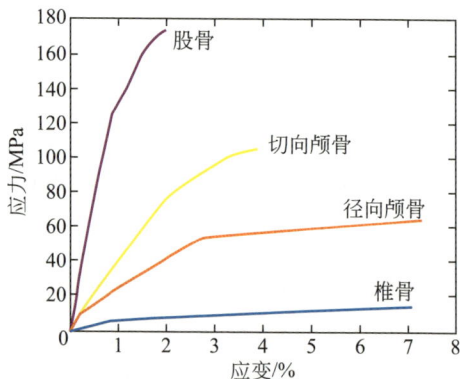

骨头的力学性质

实现。要是有人手脚伸出被他人踩踏且下方悬空，那肢体就极有可能因受力不均而弯折断裂。

　　人体的肌肉组织，承受能力远不及骨骼。但因其质地偏软，具有一定流动性。当受到挤压时，肌肉会被压扁，从而增大接触面积，分散压力。而人体内部，最脆弱的当属内脏。好在有胸骨的保护，一般情况下，只要胸骨不破裂，内脏就只是受到挤压，不至于直接被挤碎。

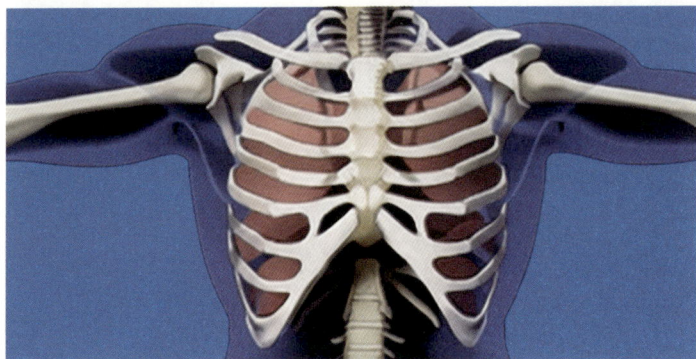

人体胸骨保护内脏

　　如此看来，单纯从人体各组织对压力的承受能力来分析，这 10kPa 左右的压力，似乎无法突破人体的"物理防御"。然而，人体维持生命，不仅要抵御物理伤害，更要应对"看不见的攻击"，即对氧气的需求。我们不妨做个简单的试验，当把手长时间插入米中再拿出来时，会发现手部皮肤表面变得凹凸不平，颜色也呈现出不健康的酱红色。

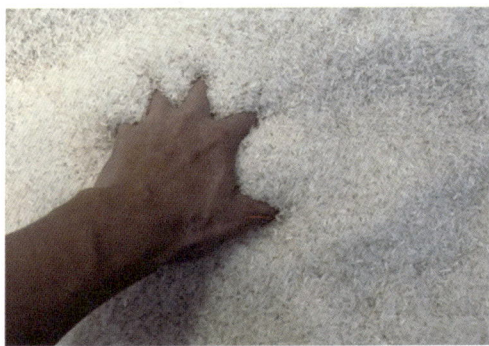

手插大米

在踩踏事故中，当人体被压迫时，皮肤里的毛细血管被死死压住，**血液无法正常循环流动**。时间一长，这部分皮肤就会因缺氧坏死。更关键的是，人体赖以生存的呼吸也受到了严重阻碍。呼吸依赖肺部的正常开合，可在被压迫的状态下，即便人体内脏没有被压碎，肺部的正常活动也变得异常艰难，导致呼吸不畅。尽管周围空气充足，由于**肺部无法自由扩张吸入足够的氧气**，时间一久，就会引发窒息。这也就是为何在看似"物理攻击不破防"的情况下，依然造成了如此惨痛的伤亡，这起事故也为我们敲响了公共场所安全的警钟。

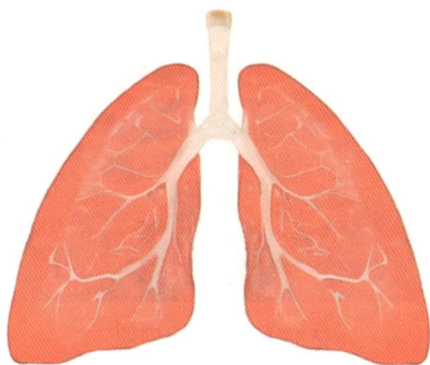

肺部需要空间开合

踩踏事故中的自救指南：关键在于呼吸空间的维持

在令人揪心的踩踏事故中，导致人员死亡的主要原因并非人体无法承受外部压力，而是血液流动受阻与肺部呼吸不畅引发的窒息。了解到这一点，我们就能明白在遭遇此类危险时，自救的关键在于保持身体有足够的呼吸空间。

当不幸处于被人群挤压的困境中时，千万不能躺平。躺平会使身体完全暴露在重压之下，极大地压缩呼吸空间，让窒息的风险陡然增加。正确的做法是迅速调整姿势，用手脚支撑地面，以跪姿和抱姿相结合，努力撑起身体下方的一个小空间。如无法跪姿，则侧抱姿，留住胸前这个小小的空间，就是生命的"安全岛"，它能确保肺部有足够的空间进行正常的呼吸运动，让新鲜空气得以顺畅进入肺部，维持生命的基本运转。

踩踏自救姿势之一

　　通过这样的姿势，不仅可以为自己争取到宝贵的呼吸时间，还能在一定程度上缓解身体所承受的压力，增加存活的概率。记住，在踩踏事故的混乱与危险中，保持冷静，采取正确的自救姿势，是守护生命的重要防线，多一份对自救知识的了解，就多一份在危险中生存的希望。

8

洪流涌骤，石前石后何处守

📅 **事件背景**

  在社交媒体高度发达的当下，网红景点总是吸引着人们前去打卡，亲身感受那份独特的魅力。在青山绿水间，探索自然的馈赠，与大自然亲密接触，这听起来是多么惬意的事。然而，有些美景背后却隐藏着巨大的风险，那些看似平静的山水，在特定时刻可能会化身无情的猛兽。

  2022 年 8 月中旬，网红景点"龙漕沟"发生了一起令人痛心的山洪事件，这场突如其来的山洪十分凶猛，最终造成 7 人死亡的悲剧。从网友拍摄的视频中可以看到，有一对父子为了躲避山洪，躲在了一块大岩石上，然而即便如此，他们最终还是被汹涌的洪流无情地冲走了。这样的场景让人感到无比痛心和惋惜，也让我们意识到山洪的威力是多么巨大，它往往让人猝不及防，危险巨大。

洪流被困

💬 提出问题

在如此凶猛的洪流来袭时，我们不禁要思考一些问题：如果真的遇到这种躲无可躲、避无可避的情况，躲在石头的哪个位置会更安全呢？是石头的中央，还是边缘？是靠近上游的一侧，还是下游的一侧？这或许是我们在面对类似危险时都需要认真思考的问题，也希望大家能通过思考这些问题，更加重视自身的安全，增强在危险环境中的生存意识。

📖 基础知识

人多情况一定排成纵队

相信大家在网上"冲浪"的时候，一定不止一次刷到面对水流冲击时如何自救的视频。在那种危险的情况下，有一个关键的自救技巧，那就是一定要排成纵队，而且要面向来流方向。

为什么要这么做呢？这里面可有大学问。当大家排成纵队时，就相当于把水流的冲击面降到了最小，冲击力自然也会大大降低。

排成纵队

想象一下，要是一群人并排站在水流前，那水流冲击的面积得有多大呀，受到的冲击力肯定也特别大。但换成纵队就不一样啦，水流冲击的面积变小，力量也就分散了。还有哦，站在队首的人，虽然要直面水流的猛烈冲击，但别担心，他身后的伙伴们会齐心协力，给他提供足够的支撑力，帮他一起抵抗水流的冲击力。这样一来，大家团结在一起，就能更有把握战胜水流，保护好自己和身边的人。

力学解释

洪流避险：石前还是石后？真相大揭秘

在面对洪流威胁时，人多与人少的应对策略大不相同。人少的情况下，由于身后没有足够的同伴提供支撑力来抗衡水流的冲力，最明智的做法是尽早躲避洪流，千万不要涉足危险区域。一旦察觉到危险，就要以最快的速度往岸边跑。**而依靠固定石头作为临时庇护，往往是在实在没有其他办法时的无奈之举。**要是现场有石头，那自然是越大越好。对于超大的岩石，虽然它的背后也存在漩涡，但这类漩涡相对稳定，所以躲在其后方会更安全一些。如果背后中间区域有可以用来固定身体的抓手，那么往中间位置去是个不错的选择；可要是水流较大，中间既站不稳又没有抓手，那就只能靠边站，用手紧紧扒住岩石的侧面。然而在现实中，超大的石头很难看到，更多时候遇到的是不大不小的中等石块。

这就引出了大家心中疑问的焦点：当洪流来袭时，到底是躲在岩石的上游（石前）安全，还是下游（石后）安全呢？有人觉得，躲在石头的上游会被各种漂流物撞击，所以不安全；有人则认为，躲在下游的回流区内，相对"稳定"，所以更安全。要解答这些疑惑，我们得从水流的特性说起。

在大家的常识里，躲在物体后方通常是安全的。就像发生爆炸时，如果来不及远离，躲在障碍物后方是常规操作。但这种情况针对的是冲击速度极快的冲击波，如爆炸时的冲击波速度可达 200m/s，如此高速的冲击波作用在人体上，即便没有弹片，人体也难以承受。可山洪的流速远没有这么快，一般最快也就每秒十几米，这样的速度，人体是能够承受的。

因为水流速度相对不快，再加上躲避时依靠的岩石通常也不大，水流绕过岩石后会形成交替变化、大小不一的漩涡，也就是我们常说的**卡门涡街**。在实际的三维空间中，由于石头形状不规则，这种交替出现的漩涡会变得更加难以捉摸。站在这个区域内，你会明显感觉到水流从四面八方冲击而来，而且冲击力一阵一阵的，方向忽左忽右、忽上忽下，毫无规律。所以，那些认为下游"回流区"更稳定的想法，就有点脱离实际了，近乎纸上谈兵。

卡门涡街

当然，躲在岩石的上游，确实要直面水流的冲击，存在一定危险性。这里的危险正如大家所猜测的，水面的漂浮物可能会撞击人体。不过，这和炸弹爆炸时空气里裹挟着弹片的情况不同。水的流速不算太快，大的岩石肯定冲不动，小石块虽然能被水流带动，但基本都在水面下层。真正带来威胁的是漂浮物，像木头、行李箱之类的。面对这些漂浮物，我们确实没有太好的办法，只能尽量躲避和格挡。但相比于被毫无规律的涡流卷走，被漂浮物撞伤的代价相对还是可以承受的。

9

风筝线锐，安全隐患暗中窥

📅 事件背景

在阳光明媚的日子里，公园的草坪上常常能看到人们放风筝的身影，五彩斑斓的风筝在蓝天中翩翩起舞，成为一道亮丽的风景线。放风筝，本是一项充满乐趣与惬意的休闲活动，既能放松身心，又能享受与家人或朋友共度的美好时光。然而，看似岁月静好的场景背后，却隐藏着不为人知的危险。

锋利的风筝线

2024年3月中旬，在深圳市某风筝广场，本应是一片欢乐的游玩景象。然而，意外却突然降临，一名年仅7岁的儿童在游玩时，脖子被风筝线割伤。等事后查看，脖子上竟形成了一条长长的红色"蜈蚣"疤，触目惊心。这一事件让人揪心不已，好好的游玩时光，却因这飞来横祸，给孩子及其家庭带来了伤痛。而这样的意外并非个例，几乎每年都有类似的新闻出现在大众视野中。

💬 提出问题

看到这些令人痛心的新闻，相信很多人都会心生疑惑：风筝线看起来柔软又细小，平常拿在手里感觉没什么危险，可为什么它却能成为伤人，甚至致命的利器呢？看似普通的风筝线，背后究竟隐藏着怎样的危险因素？这值得我们深入思考。

🔲 基础知识

风筝线的种类与力学奥秘

在放风筝的欢乐时光里，你是否留意过手中那细细的风筝线呢？其实，风筝线的世界里藏着不少学问，尤其是风筝线的种类和它们背后的力学原理。

风筝线的种类多种多样，常见的有轮胎线、凯夫拉、大力马线等。其中，大力马线的强度独占鳌头，它的材质是高强度聚乙烯，强度达到 30g/d；而轮胎线，也就是尼龙线，强度相对最小，为 10g/d。这里的"1d"有着特别的含义，它是指把总质量 1g 的材料制成 9000m 长的纤维。为了让大家更直观地感受，夏天女性穿的超薄丝袜，线径在 3~12d，所以轮胎线 10g/d 的概念，意味着比超薄丝袜还细的单根纤维就能承受 10g 的质量。

一般的普通风筝线，线径约 0.4mm，由 3 股线缠绕而成。别小看这 3 股线，每一股里面都包含着好几百根极细的纤维，这使得整根风筝线能承受至少 5kg 的力，换算成应力，强度至少为 398MPa，比同样粗细的普通钢丝强度还高。

材质相同的风筝线，**因编织成型工艺不同，强度也会有所差异**。工艺越复杂，强度通常越高，成本自然也水涨船高。普通风筝线采用最简单的合股工艺，把 3 股线揉搓在一起。夹芯线则不同，它中间有一股，四周由编织的外圈包裹，经过这样的处理，强度进一步提升。

风筝线

这里面就体现出力学的重要性了。

借助力学分析，能找到合适的多股编织方式，提升承载能力。不过，目前风筝线生产商大多凭借经验制作，较少运用力学进行精确计算。但在**高强度缆索**的生产中，力学分析可是必不可少的环节。从受力形式来看，风筝线与高强度缆索极为相似，国家速滑馆（又称"冰丝带"）屋顶的缆索就采用了类似工艺，而且这种高强度缆索是我国自主研发生产的，成功打破了国外的技术垄断。

🧑‍🏫 力学解释

风筝线为何如此锋利？

在我们的日常生活中，人体和其他物体可不像豆腐那般脆弱，要想让风筝线割破它们，本应是件难事。然而，风筝线却偏偏具备这样的"杀伤力"，这背后主要有 5 个关键原因。

（1）**强度差异显著**。普通风筝线的强度至少能达到398MPa，而像汽车前脸的塑料件这类相对强度较高的物体，其抗拉强度最大也不过90MPa，更别说脆弱的人体了，两者之间的强度差距一目了然。

（2）**受力形式有所不同**。尽管风筝线与被割物体之间的接触力遵循牛顿第三定律，大小相等、方向相反，在实际情况中，风筝线是整段承受力，而被割物体只是局部受力。这就导致被割物体局部所受的力难以扩散开来，进而在受力点附近产生极大的应力。

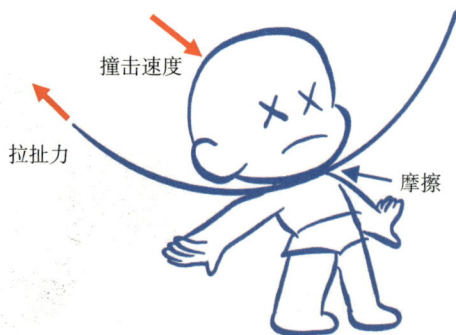

撞击速度

拉扯力

摩擦

风筝线伤人原理

（3）**破坏形式各有特点**。接触力垂直作用于整段风筝线，由于风筝线质地柔软，实际受力主要体现在线的拉伸方面，其破坏形式为**拉伸破坏**。反观被割物体，局部所受的细线型分布载荷犹如剪刀一般，极易将物体剪开，属于**剪切破坏**。值得注意的是，材料的抗剪强度通常比抗拉强度要低。

（4）**两者作用过程并非静止不变**。在实际情况中，风筝线往往存在拉扯动作，在这个过程中，摩擦会导致被割物体磨损，就如同线切割原理一样，逐步割开物体。

（5）**物体的响应需要时间**。即便不存在摩擦，如果风筝线与物体快速接触，物体由于来不及做出反应，力无法及时扩散，就更容易被割开。这一现象在软质物体上表现得尤为明显，如人体的皮肤。不过大家也不用过于恐慌，在现实生活中，以电动车行驶的速度与风筝线接触，还不至于造成身首异处这么严重的后果。

10

水池排汇，人体为何难脱危

🗓 事件背景

夏日炎炎，水上乐园成为人们消暑纳凉的热门去处。大家在清凉的水池中嬉戏玩耍，享受着欢乐的时光，欢声笑语回荡在每一个角落。可谁能想到，在这看似欢乐与安全的背后，却也隐藏着一些不为人知的危险。

2023年8月中旬，在湖南桃江的某水上乐园，发生了一起令人痛心疾首的意外。一名游客在游玩过程中，不慎被吸入水上乐园的排水口，最终不幸身亡。这样的悲剧并非个例，在泳池、水上乐园等场所，水池的排水口一直都是潜在的安全隐患。每一次这样的事件发生，都给受害者家庭带来巨大的伤痛，也让我们对公共场所的安全保障产生深深的担忧。

吸人泳池

💬 提出问题

看着这些令人难过的新闻，相信大家心中都会产生疑惑：当水池排水时，人体一旦被吸住就难以挣脱，这究竟为什么呢？那看似普通的排水口入口处隐藏着怎样强大的力量？这值得我们深入思考，一起来探寻背后的原因，也希望大家能从了解中提高安全意识，避免类似的悲剧再次发生。

📖 基础知识

泳池排水口，为何会成为"夺命陷阱"？

泳池的水循环系统有着特定的构造，排水口位于池底，进水口在侧壁。平常在正常工作时，水池里的水会从排水口缓慢排出，接着经过过滤消毒，再次回到水池，如此完成一个循环。在这个过程中，排水口附近有一定吸力，但这个力量还不足以吸住人体，所以大家在正常游泳时无须过于担心。注意，这仅在小流量循环时才是安全的。

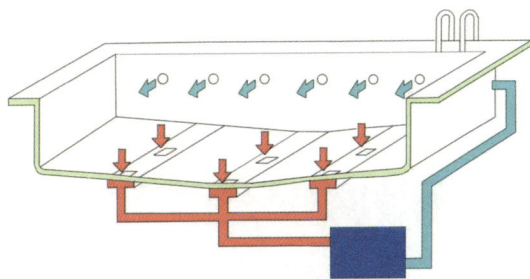

排水系统

不过，泳池需要定期清洗，而清洗时就得把水全部排干。为了在最短时间内完成排水工作，排水用的水泵会火力全开。此时，排水口内部就会形成负压，将周围的水强力吸入。这时候，如果有人不幸靠近排水口，情况就变得万分危急。一方面，水泵持续产生的负压紧紧吸住人体；另一方面，水池里剩余的水所形成的水压，也会压迫人体，把人牢牢地堵住排水口。如此一来，被困者想要挣脱就变得异常艰难。

👤 力学解释

泳池排水口"夺命吸力"的科学解析

在泳池排水口吸人事件中，水泵的吸力无疑是最为关键的因素，而这吸力大小与水泵的流量密切相关。简单来说，**流量越大，排水口所形成的负压就越大**，对应的吸力也就越强。

为了更深入理解这一原理，我们可以取排水口内一小段水作为研究对象，构建一个理想化模型，运用**动量定理**进行分析。计算发现，排水口处的水压差与流速的平方成正比。由于流速v是由水泵的流量决定的，将其代入公式后可以得出，压差，也就是我们所说的吸力差，与流量的平方成正比。这就意味着，水泵流量稍有增加，吸力差便会呈倍数增长。

不同规模的泳池，其水泵流量有所不同。小型泳池（面积约 4m×8m）的流量范围在 80~120m³/h；中型泳池（面积约 6m×12m）流量范围为 120~180m³/h；大型泳池（面积约 8m×16m）流量范围则是 180~240m³/h。以小型泳池为例，当流量取 80 m³/h 来计算，假设排水管道内径为 50mm，此时排水口的压差约为 11.3kPa，换算成压力差约为 22N，这大约相当于 2kg 多重物所产生的重力。而大型泳池在流量较大时，排水口的压差约为 33.97kPa，压力差则约为 66N。

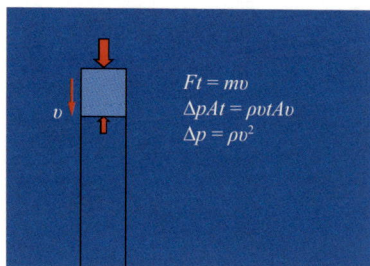

$$Ft = mv$$
$$\Delta pAt = \rho vtAv$$
$$\Delta p = \rho v^2$$

水压计算简化模型

尽管从数据上看，即便是大泳池的大水泵，在 50mm 内径排水口产生的压力差也仅为 66N 左右，但这是在水下环境，当人体一旦被吸住，人处于慌乱之中，想要摆脱这看似不大的 6kg 多的力，实则非常困难。更何况，实际泳池的排水口尺寸往往不止 50mm，大型泳池的排水口更大，按照吸力与排水口面积相关的原理，排水口越大，产生的吸力也就越大，被困者想要挣脱就更加难上加难。所以，泳池排水口的潜在危险不容忽视，安全防范工作至关重要。

水池水压：排水口危险的"帮凶"

除水泵产生的强大的吸力外，水池因水的自重产生的水压，同样是导致人体一旦被排水口吸住就难以挣脱的重要因素。

通常情况下，泳池水深大致在 1.2~2m。我们以 1.2m 的水深计算，水底的水压可达 12kPa。对于内径 50mm 的管道口而言，水施加在其上的压力约为 22N。不难理解，管道口越大，水所产生的压力也就越大。这里的水压与水泵吸力不同，水泵吸力在流量固定时，若开口变大，压力会变小；而水压是实实在在的，只要水深不变，其对物体的压力就恒定。

在正常状态下，泳池内的水压整体上呈现向上的趋势，即浮力。这是因为水越深，水压越大；水越浅，水压越小。正是这种水压分布，使得我们在泳池里能够自由自在地玩耍，并不会被水压死死地压在池底。毕竟我们的脚底只要与水接触，就会受到水压作用，上下水压相互平衡，让我们能在水中保持相对稳定的状态。

然而，人体一旦不幸被排水口吸住，情况就截然不同了。此时，底部的水压状态发生了改变，原本深处较大的水压消失了，**甚至会因排水口的吸力变成负压**，浅处的水压却依然存在。如此一来，人体就会受到一个额外的压力，仿佛被一股无形的力量紧紧压在排水口上，进一步加大了挣脱的难度，这也让被困在排水口的人面临着更加严峻的危险。

泳池排水口遇险，如何绝境求生

当不幸遭遇泳池排水口吸力威胁时，了解有效的逃生方法至关重要。我们先看一组数据，在简化模型条件下，大泳池水泵产生的压力差约 66N，泳池水压约 22N，**两者叠加后约 88N**，这差不多相当于近 9kg 物体的重力。对于成年人而言，若能保持冷静，理论上是存在逃脱可能的；但如果是小孩，尤

泳池因水的自重产生的水压

其是在水下处于慌乱状态时，要挣脱这近 9kg 物体带来的吸力，难度有点大。

保持冷静，是逃生的第一要务。一旦被排水口吸住，要立刻明白，被吸住的面积越大，受到的吸力就越强，当身体完全堵住排水口时，吸力会达到最大值。所以此时，**务必想尽办法减小被吸面积**。例如，可以利用手指，一点一点地将被吸住的部位掰开，让水流通过。只要水流通了，吸力就会大幅减小。然后就按照这样的方式，持续往外掰其他被吸部位，同时慢慢向外挪动身体，尽早脱离危险。

不过，最关键的还是要从源头上避免出现危险。**泳池排水的时候，千万不要下水**，这才是安全的重中之重。当泳池排水时，排水口附近就如同大海里的漩涡，在远处可能感觉不到危险，但一旦被卷入，由于水中站立不稳，难以控制身体平衡，就很难挣脱强大的吸力了。所以，时刻留意泳池的排水状态，不涉足危险区域，才是保障自身安全最可靠的方法。

第二篇

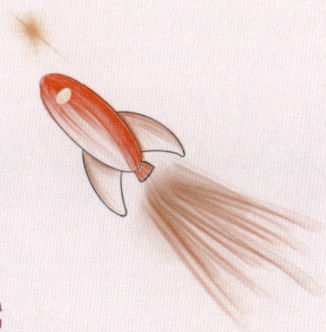

科技前沿的力学推手

我们在关注科技突破提升现实生活质量的同时也应关注其背后的力学原理

1

逆行轨道，嫦娥六号创佳绩

科技背景

2024 年 5 月 3 日下午，随着一声震耳欲聋的轰鸣，"胖五"火箭，也就是长征五号遥八运载火箭，成功将嫦娥六号探测器精准送入预定轨道。嫦娥六号自此踏上了漫长的奔月之旅。历经约 53 天，它成功从月球背面带回珍贵的"土"特产，圆满完成了这次举世瞩目的任务。

据媒体报道，嫦娥六号此次实现了三大技术突破，分别是月球逆行轨道设计与控制技术、月背智能采样技术和月背起飞上升技术。后两项技术首次应用于月背采样，受地月通信的影响，采样和起飞都要等到鹊桥二号就位，确保通信顺畅时才能进行。另外，在降落到月面的过程中，嫦娥六号还必须先翻转 180°，登陆器在月表的姿态也有着严格要求，必须"面朝大海"，才能"春暖花开"。

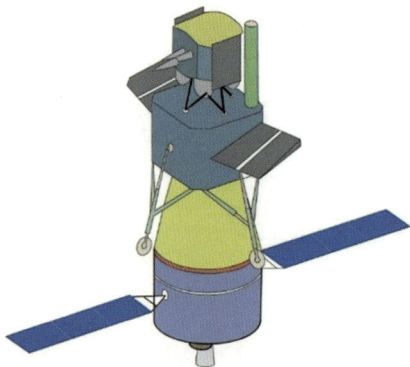

嫦娥六号组合体

💬 提出问题

　　这里面有很多值得我们深入思考的问题。例如，月背登陆为什么轨道要逆行？月球的逆行轨道到底是什么样的轨道？媒体报道中并没有详细说明。正常情况下，探测器进入月球轨道都是顺行的，与月球自转方向一致，可嫦娥六号却反其道而行之，选择逆行轨道。这背后究竟隐藏着怎样的科学奥秘呢？大家不妨开动脑筋想一想，是什么特殊的任务需求，让科学家们做出这样特别的轨道设计呢？

📖 基础知识

嫦娥六号的月球逆行轨道探秘

　　嫦娥六号成功运用月球逆行轨道技术，这一技术的应用在嫦娥系列中尚属首次，具有开创性意义。那到底什么是逆行轨道呢？简单来说，逆行是指嫦娥六号的**前进方向与月球的自转方向相反**。理解这一概念一定要注意，网上很多标示奔月轨道的示意图存在错误。

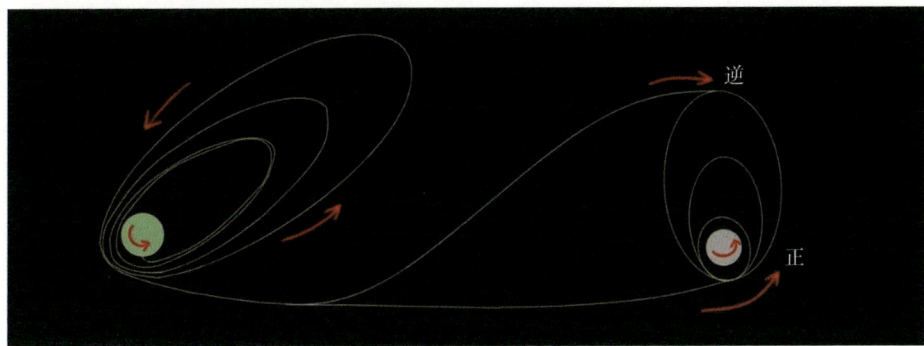

正逆轨道示意图

　　回顾嫦娥五号的奔月之旅，它从地球发射后，借助地球自转的力量，顺着地球自转方向朝月球奔去。到达月球附近后，它如同一位追赶者，顺势沿着月球自转方向环绕飞行。嫦娥六号的逆行轨道则别具一格。在离开地球的初始阶段，它与嫦娥五号的轨迹相差不大，但后半段飞行堪称关键转折点。

嫦娥六号需要飞到月球的前面，就像一位提前到达约定地点的等待者，静候月球的到来。正是这一"追"一"等"的差异，造就了嫦娥五号和嫦娥六号绕月飞行轨道的顺逆之别。这看似简单的方向差异，背后却蕴含着复杂的轨道设计原理和精密的航天计算，也正是这些技术突破，让我国的月球探测事业迈向新高度。

力学解释

逆行轨道设计：太空航行的智慧密码

在我们的想象中，太空广袤无垠，空无一物，但实际上，它就像一片浩瀚无边的"大海"。地球和月球，恰似这片"大海"上的两座孤岛。当我们从地球出发前往月球时，理论上的航线轨迹丰富多样，既可以是简单直接的两点一线，也能是优雅的圆弧线，或是神秘的椭圆线，从几何的角度看，从地球抵达月球的轨迹有无穷多种，正应了那句"条条大路通罗马"。

然而，就像地球上的海上航线一样，看似选择众多，实际却基本固定。海上航线的规划，主要考虑快捷、安全和经济等关键因素。从数学原理来讲，地球表面上两点连线的直径平面的连线是最短路径，这无疑是最理想的路线。但现实中的大海充满了各种不确定因素，强大的洋流可能会干扰船只航行，隐藏在水下的暗礁威胁着船只的安全，所以船只往往需要绕道而行。

太空航行也面临着类似的复杂情况。在太空中，**轨道的设计首要遵循的原则是最省燃料**。飞行器在太空中，同时受

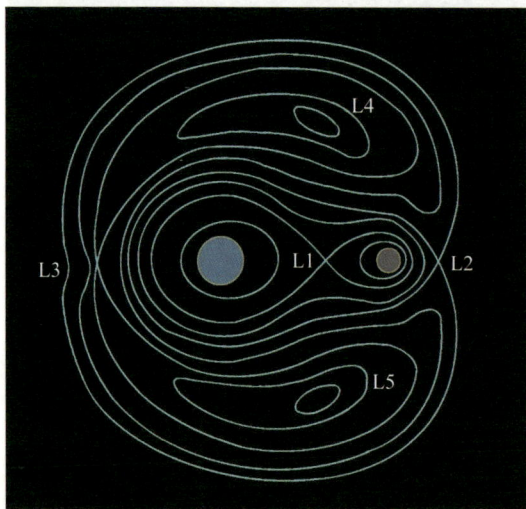

地月系统

到地球、月球以及太阳的引力作用。如果我们尝试忽略太阳的影响，这就变成了一个三体问题。在物理学习中可能会了解，三体问题是著名的无解难题。不过幸运的是，这个涉及地球、月球和飞行器的三体系统相对简单，因为三者的体积差距较大，而且运动基本处于一个平面内，经过科学家们的不懈努力，是可以求解的。只有成功求解这个三体系统，才能充分利用各个星球的引力，巧妙地设计出最省燃料的飞行轨道，这也就是嫦娥六号选择逆行轨道的重要原因之一。

嫦娥六号为何逆行？背后藏着这些航天小秘密

根据中国中央电视台直播时专家的解读，嫦娥六号登月后，其搭载的两个月壤采样装置有着特殊的朝向要求。其中，表采装置必须朝向赤道方向，而钻采装置则必须朝向南极，并且这两个装置刚好处于着陆器对立的两侧，它们肩负着采集月球土壤样本的重要使命——朝向正确与否直接关系到任务的成败。

回想嫦娥五号，它着陆在月球北半球的正面区域。当它成功着陆后，太阳能板展开并朝南，此时表采装置在南方，钻采装置在北方，一切都顺理成章。但嫦娥六号的情况就大不相同了，它的着陆点位于月球南半球的背面。在这里，不仅要满足表采和钻采装置的方向性要求，还要考虑太阳能帆板的朝向。因为太阳能帆板需要尽可能多地接收阳光，并将之转化为能源，为嫦娥六号的各项工作提供动力支持。

要是嫦娥六号采用顺行轨道，慢慢降落到月球表面后，它的姿态和在北半球着陆时的姿态正好相反。这样一来，就很难满足表采、钻采以及太阳能帆板的方向性需求了。这可怎么办呢？聪明的科学家想到了一个绝妙的办法——采用逆行轨道。

这个逆行轨道简直是神来之笔。选择逆行轨道后，嫦娥六号在着陆时，无须对自身进行复杂的改造，就能完美地满足各种装置的方向性要求。这是因为逆行轨道巧妙地改变了嫦娥六号着陆时的姿态，一切都恰到好处。大家知道吗？嫦娥六号原本是嫦娥五号的备用机，在设计之初，并没有考虑让它前往月球背面执行任务。所以采用逆行轨道的方式，简直是一举两得。一方面，不用改动嫦娥六号原有的结构、载荷等复杂技术，让负责这些方面的研究员松了一口气；另一方面，只需要重新规划一条轨道，就能让嫦娥六号顺利完成在月球背面的任务。不过，这可苦了那些负责轨道计算的研究员，为了设计出这条完美的逆行轨道，他们肯定绞尽了脑汁，说不定都要"头秃"啦！

2

月壤采样，表取钻取何所依

📅 科技背景

在探索宇宙的伟大征程中，我国的嫦娥系列探测器发挥着至关重要的作用，不断为我们揭开月球的神秘面纱。2020 年 12 月 1 日，嫦娥五号顺利登陆月球，通过表取和钻取的方式完成月壤采样，成功带回了 1731g 的月壤，迈出了我国月球探测的重要一步。时隔近 4 年，2024 年 6 月 2 日，嫦娥六号再次创造历史，它顺利登陆月背，并在 48h 内完成月壤采样，成功带回了 1935.3g 的月壤。

尽管嫦娥六号有嫦娥五号的成功经验作为参考，采样技术相对成熟，但每一次的月球探索都是面对未知的过程，面临各种挑战。此次嫦娥六号就稍显运气不佳，钻取深度仅稍微超过 1m，没有达到预设深度。

💬 提出问题

这两次成功的月壤采样都采用了表取和钻取的方式。大家有没有想过，这两种看似并不复杂的采样方式，在月球特殊的环境下，会面临哪些难题呢？从松软的月球表面进行表取，和在坚硬的月球地下进行钻取，它们各自的难度究竟在哪里呢？

▣ 基础知识

月壤与土壤：天地之间的差异奥秘

土壤

在我们生活的地球上，土壤无处不在，它是生命的摇篮。地球上的土壤，主要源于岩石的风化，可别以为土壤仅仅是风化后的岩石颗粒，也就是土母质这么简单。实际上，土壤的形成是一个复杂的过程，空气、水以及各种各样的生物，共同参与其中，经过漫长的时间，在地表不断风化作用下，才逐渐形成了我们如今看到的土壤。从结构组成看，土壤包含**固体、液体和气体三部分**，这种独特的组成结构，为生命的孕育和繁衍提供了必要条件，无论是植物的生长，还是微生物的生存，都离不开土壤的滋养。

当我们把目光投向遥远的月球，那里的月壤和地球土壤有着天壤之别。月球上没有生机勃勃的生物，空气和水也几乎不存在。月壤的形成主要是由于太阳辐射以及微陨石的持续轰击，月球表面物质的物理性质发生改变，这种特殊的过程称为**太空风化**。月壤中的矿物粉末，大多是由**陨石撞击月球表面后破碎形成的**。不过，陨石撞击可不会让所有物质都完美地变成粉末状，在撞击碎裂之后，月球表面还会残留一些小石头或小石子，这些看似不起眼的东西，却成了月壤采样过程中的一大障碍。

另外，月壤在月球表面的分布极不均匀，有些地方的月壤厚度可达5~6m，而有些地方可能仅有几厘米。例如，嫦娥四号的任务反馈显示，其着陆点位于月球背面南极的艾特肯盆地，那里的月壤厚度约12m。

在了解了月壤与土壤的这些不同之后，大家有没有思考过，在面对月壤中那些阻碍采样的小石子以及分布不均的情况时，科学家采用的表取和钻取这两种采样方式，分别会面临哪些独特的挑战和困难呢？

🧑 力学解释

探秘月壤采样：看似简单的表取

在探索月球奥秘的征程中，月壤采样是关键环节。其中，表取采样相对而言较为简单。

表取采样主要依靠机械臂来完成，它就像一个灵活的"手臂"，能在其活动范围内的任意位置开展采样工作，活动范围广，采集样本的数量和种类也比较多。这个过程形象地说，**有点像我们日常扫地**。想象一下，

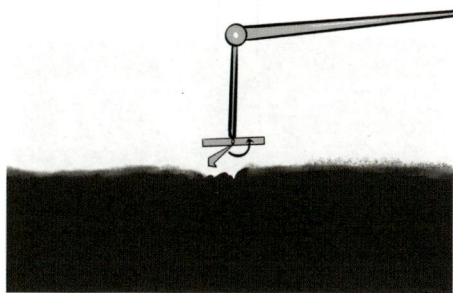

表取采样示意图

先把簸箕放置到指定位置，再用扫帚把月壤扫进簸箕里。不管是细微的粉尘类月壤，还是小小的石子类月壤，都能较为轻松地被收集起来。不过，要是碰到体积较大的石头，机械臂就无能为力了，只能选择避开。但从另一个角度看，这恰恰也是表取采样的优点，它可以根据实际情况，避开难以处理的大石块，充分发挥自身灵活采集的优势。

或许有人会好奇，既然月壤大多是灰尘状，为什么不用吸尘器来收集呢？毕竟吸尘器结构看起来很简单，只需要叶片旋转就能产生吸力。然而，这里忽略了一个关键因素，叶片旋转产生吸力的前提是有空气存在，而月球上几乎是真空状态，没有空气。在这种环境下，**即便叶片飞速旋转，也无法产生足够的吸力来吸走月壤**。

由于月球表层的月壤多为松散的粉尘，这种类似扫地式的表取采样过程，可靠性很高，而且结构简单，从技术难度层面来说，基本上没有太大的挑战。

但可别小看了这个看似简单的操作，它可是为我们深入研究月球提供了重要的样本基础。那与之相对的钻取采样又会面临哪些挑战呢？大家不妨开动脑筋想一想。

月壤钻取：嫦娥探月的隐藏挑战

钻取可能遇到碎石

相较于相对简单的表取采样，月壤钻取才是真正的技术难关。钻取，就是利用钻头深入月球表面之下，获取地下月壤样本，这对了解月球内部物质构成和演化历史至关重要。嫦娥五号已成功获取钻取样本，但由于每次着陆地点不同，**月球表面之下的情况始终充满未知**。嫦娥四号着陆点探测出月壤厚度达 12m，而嫦娥五号着陆点平均月壤厚度约 4m，因此嫦娥五号钻取设计深度为 2m。嫦娥六号作为五号的备用机，此次钻取深度同样设定为 2m。

钻取机构深入月面之下时，**需要施加一定下压力**，这就决定了它和能自由选择采样区域的机械臂表取机构不同。钻取机构位于嫦娥探测器下方，一旦着陆地点确定，钻取点便随之固定，无法调整。如果钻取过程中遇到的都是较为松软的月壤层，那么采样过程自然会比较轻松。但要是碰上坚硬的岩石，情况就变得棘手了。一旦钻头无法碎裂岩石，钻取采样任务很可能就无法完成，嫦娥六号这次钻取深度未达预期，正是这个原因。

从嫦娥五号的相关报道可知，钻取机构在一定条件下能够破碎岩石，但并非直接钻穿大块岩石，而是针对一些小碎石块。通过挤压力，将碎石块往下或往侧方挤压，同时利用钻头的高速旋转破碎碎石表面。不过，这个挤压力主要来源于嫦娥探测器在月表的重力，而月球表面的重力仅为地球表面重力的 1/6，无法像在地球上一样通过加大挤压力来破碎岩石。

此外，钻取机构的设计并非用于长时间钻穿岩石。在地球上，各类岩芯取样机虽然体形各异，但都有一个共同点，即**需要用水冷却钻头**。即便嫦娥六号的钻头性能卓越，长时间钻取岩石产生的摩擦高温也会让它难以承受。这不仅是月壤钻取面临的难题，实际上也是未来在月球建立基地的难点之一。毕竟，松软的月壤层无法作为稳固的地基，如何突破这一技术瓶颈，还需要年青一代的你们，在未来的科学探索中贡献智慧与力量。

冷却液降低钻头温度

3

太空饲鲤，浮力消逝怎浮起

2024年4月25日，这个日子注定要在中国航天史上留下浓墨重彩的一笔。随着一阵撼天动地的轰鸣，神舟十八号载人飞船宛如一条腾飞的巨龙，划破苍穹，成功发射升空。神舟十七号与神舟十八号的乘组人员在中国空间站顺利会师。他们就像一群勇敢无畏的星际探险家，在浩瀚无垠的宇宙中开启一系列充满挑战与惊喜的科研任务。

众多任务里，有一项特别吸睛——太空养鱼。这可不是随随便便的趣味实验，它是我国首次在轨开展的水生生态研究项目，堪称意义重大。

大家想想，之前咱们在太空种过水稻，养过蚕宝宝。水稻，只要有土，再配上合适的空气，就能茁壮成长；蚕宝宝也不难伺候，给点桑叶，在合适的环境里就能吐丝结茧。可鱼就大不一样啦！水，是鱼儿生存的刚需，少了水，鱼儿可就没法活。

水生生态系统示意图

💬 提出问题

　　在之前的太空试验中，水稻长在土里，生长发育后扎根于土壤之中；蚕生活在桑叶上，爪子可以牢牢抓住物体。然而，与水稻、蚕宝宝都不一样，鱼儿既没有能深入地下的根系，也没有灵活的手脚可以抓握东西。它们整天在水中欢快地游来游去，就好像一直悬浮在水中，看起来特别神奇。在地球上，因为有地球引力的作用，鱼儿对这种悬浮状态控制得特别好。它们只要轻轻摆动鱼鳍和尾巴，就能一会儿向上游到水面，呼吸新鲜空气；一会儿又向下游或潜入水底，觅食时也许还会探索神秘的水下世界。

　　但是，当我们把鱼儿带到太空时，情况就完全不同啦！太空是一个失重的奇妙环境，在那里，所有东西都失去了重力，处于悬浮状态。这时候，科学家就好奇了：一直生活在地球上的斑马鱼，突然来到这样一个陌生的地方，会发生什么有趣的事情呢？它们会不会像我们人类第一次坐过山车时那样，感到紧张、害怕、浑身不自在？毕竟，太空里没有了熟悉的引力，周围的一切都飘来飘去，斑马鱼会不会也像有些人第一次坐船时"晕船"那样，出现"晕水"的症状呢？还有，它们要怎么游动才能控制方向，像在地球上一样自由自在地游上游下呢？

▢ 基础知识

探秘鱼儿的浮力控制：大自然的奇妙设计

　　大家有没有仔细观察过在水里欢快游动的鱼儿呢？它们时而迅速地向前冲刺，时而灵活地转向，一会儿欢快地游向上方，一会儿又悠然地潜入水底，甚至还能自由自在地停留在水中的任意深度，仿佛水中的世界就是它们的欢乐游乐场，一切行动都如此轻松自如。

　　当鱼儿尽情游动时，我们不难理解它们的前进动力。通过有力地摆动尾巴，灵活地划动鱼鳍，**鱼儿与水之间产生了相互作用力**，就好像是水在温柔地推着它们前行。就像我们划船时，用桨划水，船就能在水面上移动一样。

而且，鱼儿还能巧妙地调整这些力的作用方向，以此实现向前、向后、向左、向右以及向上、向下的任意游动，简直就像水中的舞蹈家，舞姿轻盈又多变。

游动依靠水的推力

可是，当鱼儿游累了，停下来安静休息时，你们有没有想过，为什么它们能稳稳地停在水中的任意位置呢？要知道，水的深度不同，水压也会不一样。根据**阿基米德**原理，物体受到的浮力与水的密度、物体排开水的体积以及重力加速度有关。对于鱼儿来说，在水的密度和重力加速度相对稳定的情况下，想要改变浮力，就只剩下改变自身体积这一种办法了。

在静止状态下，水里的鱼儿受到地球引力（也就是重力）和浮力的共同作用。一般来说，在较短的时间内，地球引力的变化非常微小，可以忽略不计，这就意味着鱼儿的重力基本保持不变。所以，只要浮力也能保持稳定，鱼儿就能轻松地停留在水中的任意位置。

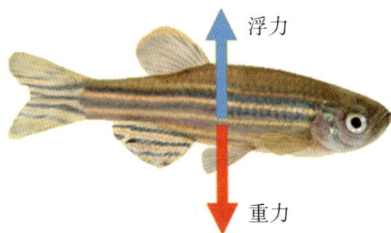

鱼儿的重力和浮力

那么，鱼儿究竟是如何控制浮力的呢？其实，鱼儿的浮力控制能力十分巧妙。有人可能会想，鱼儿吃胖一点或者变瘦一点，体形改变了，浮力自然就会变化。但如果仅仅依靠这种方式，想要让浮力恰好与体重平衡，从而实现悬浮，那可太难了。好在大自然这位神奇的设计师赋予了鱼儿独特的本领，让它们不用通过吃胖或变瘦，就能较为轻松地控制自己的体形。

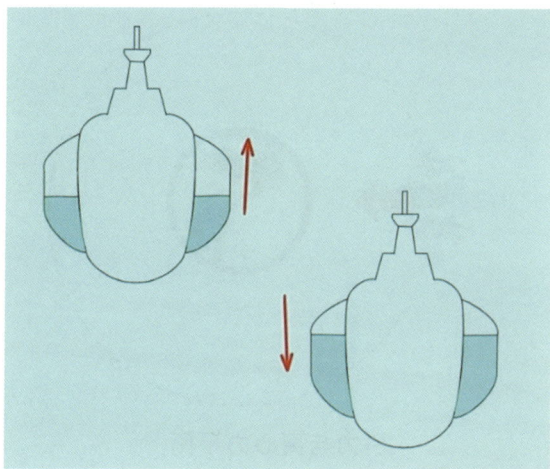

潜水艇的沉浮

　　鱼儿控制自身体形的关键"法宝"就是**鱼鳔**。鱼鳔就像是一个神奇的气球，藏在鱼儿的身体里。当鱼鳔内充气时，鱼儿的身体就像气球被吹大一样，体积增大，排开的水变多，根据阿基米德原理，浮力就会相应增加，鱼儿便能轻松上浮。反之，当鱼儿想要下潜时，就会排出鱼鳔内的空气，鱼鳔变小，鱼儿的体积也随之减小，浮力降低，就能顺利下沉。是不是很神奇呢？其实，我们人类发明的潜水艇，它的沉浮原理就和鱼儿利用鱼鳔控制浮力的方式十分相似。通过模仿鱼儿的这种神奇能力，潜水艇才能在茫茫大海中自由地上浮和下潜，探索神秘的海底世界。

🙂 力学解释

太空探秘：消失的浮力与鱼儿的奇妙境遇

　　在浩瀚无垠的太空中，一切都和我们在地球上的认知大不相同，其中一个神奇的现象就是浮力的消失。这背后的原因，要从空间站的奇妙运动说起。空间站围绕着地球不停地旋转，在这个过程中，空间站受到的地球引力与离心力达成了一种奇妙的"平衡"[①]状态，正是这种平衡造就了独特的失重环境。

————————————

① 此处"平衡"并非真正的平衡，而是空间站人或物的一种感觉"平衡"。

引力与离心力平衡

　　既然物体转动时所受的离心力与地球引力实现了"平衡"，太空中的水自然也不例外。在表面张力的作用下，太空中的水不会像在地球上那样四处流淌，而是会自发地汇聚成一个**圆润的水球**。这个水球仿佛拥有了自己的"想法"，可以随意停留在空间站的任何位置，是不是特别有趣？而且，**在这个水球内部，水压也神奇地消失了。**

　　太空中的鱼儿，同样经历着这种奇妙的变化。它们在轨运动所受的离心力与地球引力相互"平衡"，这使得它们的重力感瞬间消失，与之相伴的浮力也一同不见了踪影。在地球上，**由于重力的存在，水内部的水分子相互挤压，形成了水压**。但在太空中，水球没有了重力的作用，内部的水分子不再相互挤压，水压也就不复存在。这就意味着，生活在水球里的鱼儿感受不到水给它的压力，仿佛置身于一个奇妙的"无压世界"。只有当鱼儿奋力游动时，它才能切实感受到自己的存在，那种与水的互动，让它意识到自己还"活着"。

　　想象一下，鱼儿还像在地球上一样，试图控制自己的鱼鳔来实现上浮或下沉。它往鱼鳔里充气或者放气，可奇怪的是，它感觉不到自己在上下运动。就拿太空中的斑马鱼来说，当它想要浮出水面，拼命往鱼鳔里鼓气时，却丝毫感受不到水的流动变化。它可能还以为是气不够，于是更加使劲地鼓气，然而这一切都是徒劳的，根本没有任何效果。这种完全脱离自己掌控的感觉，对鱼儿来说肯定特别难受，就像人类晕车、晕船一样，鱼儿或许也会"晕水"。

大家都知道，航天员刚到达空间站时，身体也会因为环境的巨大变化而产生不适。不过，人类凭借着强大的认知能力和适应能力，能够逐渐调整过来。但可爱的鱼儿呢？它们是否也能像人类一样，慢慢适应这个没有浮力、充满未知的太空环境呢？这是一个有趣的科学谜题，等待着我们去进一步探索和解答。

4

减速有计，分级开伞有次序

🏛 科技背景

2024 年 4 月 30 日，神舟十七号载人飞船航天乘组踏上返航之旅。返回舱如同从天际疾驰而来的流星，以第一宇宙速度的大小下降，在地球引力的作用下，下降速度愈发迅猛。进入大气层后，尽管空气阻力试图"拉住"它，可减速效果不尽如人意，速度通常在 300~500m/s。想象一下，在降落减速阶段，如果没有降落伞，返回舱就会像横冲直撞的陨石，以极高的速度撞击地球，后果不堪设想。而在返回舱减速过程中，有个有趣的现象，那就是降落伞并不是一下子就把主伞张开，而是逐步展开的。

降落伞主伞

💬 提出问题

大家有没有想过，为什么降落伞不一步到位直接张开主伞呢？在此之前，先想象一下，一根结实的钓鱼线，如何才能将其拉断？是慢慢拉，还是快速拉？大家不妨用普通的线试试，感受一下慢慢拉和快速拉时力度的明显差异。这和降落伞分级打开之间，是不是存在着某种联系呢？

基础知识

降落伞：安全着陆的保护伞

返回舱在进入大气层后，速度极快，仅靠空气阻力减速效果不佳，而降落伞是让返回舱更快、更安全减速的关键。返回舱的降落伞工作分 3 个阶段，在约 10km 高度先打开引导伞，由引导伞拉出减速伞，19s 后减速伞与返回舱分离并拉出主伞，通过这一系列操作能将返回舱速度减小到 5~6m/s，极大地降低了返回舱的速度，保障其安全着陆。在距离地面约 1m 时，通过反推发动机点火，返回舱以约 3m/s 的速度软着陆。

减速过程

从减速过程画面中可看到，主伞打开是分步骤的，先半开再全开。那为什么不一下子全打开来更快减速呢？其实对于返回舱减速而言，速度过快或过慢都不合适，必须有个合适的度。大家可以思考一下，这背后到底有着怎样的科学原理呢？为什么主伞打开需要这样的步骤，一下子打开又会出现什么问题呢？

力学解释

降落主伞分级打开的原因

（1）**保护舱内航天员**：返回舱在减速过程中存在加速度，会使航天员感受到惯性力。受过训练的航天员一般只能承受约 8G 的加速度，即 8 倍体重的惯性力。若仅靠一个主伞且一下子全部打开，1200m^2 的主伞瞬间产生的阻力可能使加速度达到 100G 左右，从而导致返回舱要承受过大的冲击力，这远远超出航天员的承受极限（12G），会对航天员的生命安全造成严重威胁。

（2）**提高安全性**：通过分级打开，可以更好地控制返回舱速度和姿态，确保安全着陆。同时根据天气条件调整，优化减速效果。

（3）**考虑伞绳承载能力**：返回舱的伞绳是织物类复合材料，与高强度的高钒密闭索相比，力学性能差距很大。96 根直径 2.5mm 的伞绳，测算出其极限应力约 15MPa，仅为高钒密闭索的 1%。但伞绳胜在方便折叠，其力学性能上的不足靠数量来弥补。

材料的力学性能与载荷快慢密切相关，存在应变率效应，加载速度越快，材料越容易变弱。如果仅用一个主伞，在主伞打开瞬间会产生极大的空气阻力，这对伞绳来说是很大的**动载荷**[①]，**应变率效应显著**，伞绳可能无法承受而断裂。而采用分级减速，每次打开降落伞产生的瞬间阻力较小，伞绳能够承受，从而确保返回舱安全减速，保障返回任务的顺利进行。

---

① 动载荷，随时间变化较为明显的载荷，如冲击载荷等。

5

隔热失效，分层结构耐火强

🏛 科技背景

2024 年 6 月 25 日，航天领域迎来一个振奋人心的时刻。嫦娥六号返回舱历经重重挑战，成功在内蒙古自治区四子王旗着陆，它带着 1935.3g 自月球背面的珍贵"土"特产凯旋，这标志着本次嫦娥六号圆满、全面地完成了预定任务。这次伟大的成就不仅让国人自豪，连国外媒体也罕见地对嫦娥六号的任务给予了较为正面的评价。

嫦娥六号返回舱

一时间，嫦娥六号相关新闻不断刷屏，那张高清的嫦娥六号返回舱图更是引发了大家的关注，只见返回舱烧蚀得起泡，黑中还透着白色。

💬 提出问题

看到这样的画面，有人心中不禁产生了疑惑。从这张图来看，我们的隔热材料难道性能很差吗？怎么都被烧起泡了呢？还有，烧坏的防热层还能不能保护好里面珍贵的月壤呢？这些问题就像一个个小谜团，等待着大家去探索和思考。

基础知识

探秘：中美返回舱烧蚀大不同

当我们把目光聚焦在航天领域时，你会发现很多有趣的现象。就拿中美两国的返回舱来说，它们在返回地球时，烧蚀的情况有着明显区别。

先瞧瞧美国阿波罗飞船的返回舱，根据网上流传的照片，从某个特定角度看，它的侧面干干净净的，好像没经历过什么"磨难"。但仔细观察，你会发现底部周边一圈全是黑色，不难猜到，它的大底肯定被烧得黑乎乎

阿波罗飞船返回舱

的。不过，由于没有特别清晰的特写照片，我们还不清楚它是不是也像我国嫦娥六号返回舱那样，被烧得起泡发白。

看到这儿，想必有人心里犯嘀咕了，为啥咱们嫦娥六号返回舱的侧面也会被烧蚀，而阿波罗返回舱的侧面却没事呢？这背后的秘密，就藏在返回舱返回地球的方式里。

阿波罗返回舱进入大气层的时候，方式比较简单直接，打个比方，就像咱们在河边往水里扔一块大石头，"噗咚"一声，直直地就扎进去了。这样一来，它主要是底部和空气产生剧烈摩擦，所以**底部烧蚀**得特别严重。

嫦娥六号返回舱可就不一样啦，它的控制精细程度堪称一绝。同样是扔石头，嫦娥六号就像是先让石头在水面上打水漂，然后还能精准地命中河里的小鱼小虾。为了实现这么厉害的操作，嫦娥六号需要有能产生升力的面来巧妙控制飞行轨迹和姿态。于是，侧身飞行就派上用场了，不过这也带来了一个"小麻烦"，那就是**侧面也会被烧蚀**。

其实，阿波罗返回舱在返回时也有类似打水漂的过程，只是没有嫦娥六号这么明显。当从遥远的外太空返回地球时，返回舱都是倾斜着进入大气层

的。在那么高的速度下，阿波罗返回舱的"抬头"更多是物理规律自然而然的作用，嫦娥六号的设计则是把这个物理规则研究得透透的，运用得十分巧妙，"抬"得更高，飞的路径也更精准，这才有了和阿波罗返回舱不一样的烧蚀情况。

力学解释

隔热材料：返回舱的终极武器

大家看到返回舱烧黑可能觉得还能理解，可要是看到它烧得起泡发白，是不是就会忍不住想问：这真的没问题吗？其实啊，这得从返回舱的防热材料说起。

防热材料主要有两种类型：非烧蚀型和烧蚀型。非烧蚀型的防热材料就像航天飞机上用的刚性防热瓦，它可以耐高温，还能把热量辐射出去。烧蚀型的防热材料可以通过物理和化学反应来把热量吸收并且消耗掉。从嫦娥六号返回舱的高清图片上，我们能清楚地看到有蜂窝状的结构，这就是蜂窝增强型防热材料，它的好处就是密度低，而且结构性很好。

SpaceX 的刚性防热瓦

烧蚀的过程

为什么会出现烧蚀现象呢？烧蚀的时候，有以下的过程。随着温度不断上升，原始材料会开始热解，然后产生热解气体，这些气体会从热解区渗出来，最后就留下了多孔的残余物。对于碳化材料，这些残余物就是多孔碳。等热解结束后，这些多孔碳就会黏附在剩余的材料上，形成**碳化层**，所以返回舱看起来黑黑的，就是因为有这个碳化层。而起泡呢，是因为热解产生的气体；至于发白，很可能是在烧蚀不太严重的区域，碳化层脱落了。

还有，你可能会问，为什么烧蚀材料还会掉皮呢？这就和**防热材料的设计**有关系。大家知道，返回舱外表面最热，内层最冷，温度在防热材料的厚度方向是呈梯度分布的。在设计防热材料的时候，就得充分考虑这种温度梯度，在不同的温度下要使用不同的参数，这样才能让材料更好地发挥防热性能，**因此防热材料大多是多层结构**。不过，多层结构有个小问题，就是层与层之间容易脱落。因为在同样的温度下，不同材料的热膨胀情况不一样，会产生界面应力[①]，所以容易发生脱落现象。现在有一种更好的防热材料，称为**功能梯度材料**，它是一体化设计的，层与层之间的力学参数也是呈梯度变化的，这样就能避免层间的不协调。但是，目前想要做出非常理想的功能梯度材料还是很困难的，层与层之间的差距很难完全消除。

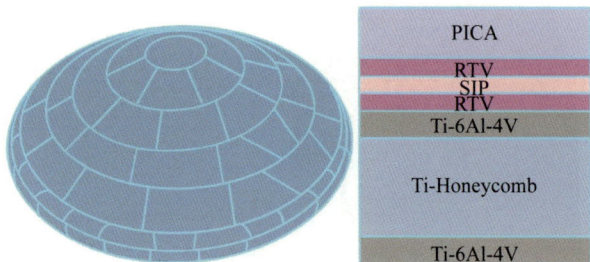

多层结构

---

① 界面应力：层间因变形不一致而产生的应力。

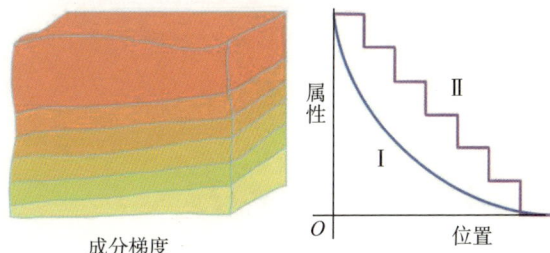

功能梯度材料

最后，我们说说印度的"加甘扬"计划的返回舱吧。网上有图片显示，它返回后看起来依旧光鲜亮丽。这是 2023 年 10 月 21 日发射的任务。当时火箭发射后，在 11.7km 的高度速度才达到了预设的 408m/s，然后逃生系统就开始工作，在 17km 高度的时候顺利逃出，随后在 2.5km 高度打开降落伞。可见，这个返回舱也就比飞机飞得高那么一点点，速度还和飞机差不多，根本就不会产生烧蚀现象。

6

神舟归邸，落点预报有妙方

🏛 科技背景

大家知道吗？如今的神舟系列载人飞船，经过不断的发展与进步，技术已经相当成熟，就像一位技艺高超的舞者，在天地之间完成着一次次精彩的"太空之舞"。在神舟系列众多的任务环节里，返回地球可是至关重要的一步。

目前，神舟飞船返回时，需要进行 4 次落点预报。以神舟十三号为例。第 1 次落点预报，给出的位置是东经 100°06′18″，北纬 41°36′25″；第 2 次落点预报，位置竟然和第一次一模一样。接着，第 3 次落点预报，变成了东经 100°06′54″，北纬 41°37′01″；等到第 4 次落点预报，又更新为东经 100°09′43″，北纬 41°39′11″。可见，随着神舟十三号距离着陆的时间越来越近，预报的落点越来越准确，这是不是特别有意思呢？

返回舱着陆效果图

🗨 提出问题

大家知道，保障航天员安全返回地球可是头等大事，这就需要天地之间紧密配合，就像一场精心编排的舞台剧，要做到**舱落人到**。在这个过程中，这 4 次落点预报就发挥着特别重要的作用。

不过，可能有人心里犯嘀咕：既然神舟飞船返回技术都这么厉害、这么成熟了，为啥不能一次就准确预测落点，非得要 4 次呢？还有，这些落点预报到底是根据什么算出来的？你是不是感觉这些问题就像一个个小谜团，特别想赶紧解开呢？别着急，接下来为大家一一揭晓答案。

📖 基础知识

落点预报的时机：关键节点的力学变化

大家知道吗？神舟十三号从太空返回地球的旅程，就像一场紧张刺激的太空冒险。它返回的时间从原来的 28h，大幅缩减到了 8h，而从制动开始到落地，仅仅用了约 44min。在这短暂却关键的 44min 里，指挥中心上演了一场精彩的"数字魔术"，进行了 4 次落点预报。

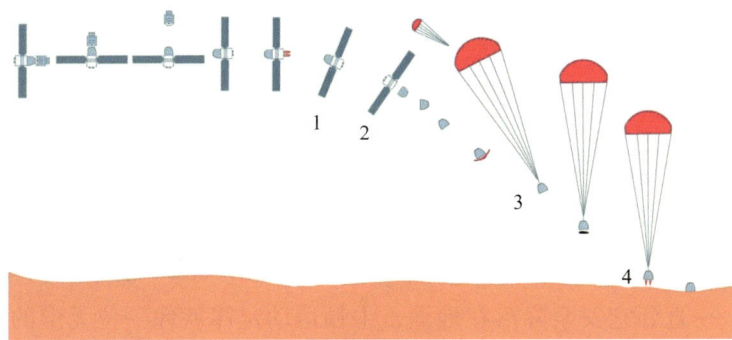

4 次预报时机

第 1 次落点预报，是在**制动结束**进入惯性滑行的 7min 后发出的。想象一下，神舟十三号就像一个在太空中奔跑的运动员，突然停下"脚步"，开始依靠惯性慢慢滑行，这时候，指挥中心就根据它新的状态，算出了第一个可能的落点。

第 2 次落点预报，出现在**推返分离**的 4min 后。这就好比运动员在奔跑过程中，扔掉了身上的一部分装备，自身的"质量"和"速度"都发生了变化。神舟十三号也是如此，在推进舱离开后，根据**动量守恒定律**，返回舱的速度有了改变，指挥中心再次根据新的运动状态，更新了落点预报。

第 3 次落点预报，是在**主降落伞打开**的 4min 后。主伞打开的那一刻，瞬间撑起了一把巨大的减速伞，巨大的气动阻力让返回舱的受力情况发生了巨大变化，就像运动员在奔跑时突然被一股强大的力量拉住。这时候，指挥中心又要进一步计算，给出新的落点位置。

最后一次落点预报，就在**落地前 1min** 左右。这可是最关键的一次，它几乎就是真实的落点坐标。就像射击比赛的最后一刻，精准地命中了靶心。这次预报的作用就是告诉大家："神舟十三号要在这里降落啦，赶紧过去迎接！"

为什么要有 4 次落点预报呢？从这 4 次预报的时机就能发现，它们都选在返回过程中的关键节点。前 3 次落点预报，都是因为返回舱的运动状态发生了改变。而最后一次预报，是为了让地面救援人员能够以最快的速度赶到着陆点，保障航天员的安全。正是有了这样精准、细致的落点预报，我们才能实现"舱落人到"的完美对接，让神舟十三号的返回之旅圆满成功。

🧑 力学解释

落点预报的计算：牛顿力学的集大成者

你们肯定好奇，这些精准的落点预测到底是怎么计算出来的呢？其实，说起来也不复杂，主要靠的就是大家熟知的**牛顿运动定律**。从神舟十三号开始制动，一直到它安全降落在地面，牛顿运动定律就像一位无形的指挥官，在背后发挥着关键作用。所以，要是你掌握了牛顿运动定律，那可就相当于握住了落点预测方法的"钥匙"啦！

不过，大家平常熟悉的牛顿运动定律，大多是基于**质点模型**[①] 的。但预测

---

① 质点模型，只考虑质量大小，忽略物体形状的模型。

神舟十三号的落点可不能只考虑质点模型，还得结合飞船实际的形状和尺寸来分析。在飞船进入大气层之前，因为气动力几乎小得可以忽略不计，所以这个阶段的轨迹计算就特别准确。这也就是为什么第 1 次和第 2 次的落点预测结果完全一样，这说明在进入大气层之前，飞船实际飞行的轨迹和我们预测的轨迹简直是一模一样。

$$空气阻力 \rightarrow F = \frac{1}{2} C S \rho v^2$$

阻力系数　空气密度

迎风面积　物体运动速度

空气阻力

但一进入大气层，麻烦就来了。**气动力变得变幻莫测**，就像一个调皮的小精灵，到处捣乱，给落点预测带来了很大的困难。通常来说，气动阻力和阻力系数、空气密度、迎风面积还有速度的平方成正比。这里面，阻力系数和迎风面积与返回舱的形状、尺寸以及姿态紧密相关。这就是为什么在进入大气层之前，一定要把飞船的姿态调整好。要是姿态没调好，那落点位置可就很难控制啦！调整好姿态，就是为了尽量让这两个参数保持稳定，这样就能减小计算气动力的难度。

另外两个参数，空气密度和速度也不省心，它们一直在不停地变化。还好，空气密度模型基本上是确定的，稍微让人松了口气。可速度这个参数，还是让人头疼。我们必须实时获取飞船的速度，才能计算出它受到的气动力，而气动力又会反过来影响速度。这么复杂的相互影响，单靠人工计算可不行，必须借助计算机的强大算力才行。

还有，气动力可不只作用在一个点上，而是作用在整个迎风面上的，是一种**分布载荷**。而且，如果要更严格地说，这些分布在迎风面上的气动载荷，每个位置的力大小都不一样。最理想的状态是，这些气动力的合力能等效成一个刚好通过返回舱质心的力，这样就不会产生倾覆力矩。要是姿态控制得不好，在气动力的作用下，返回舱就有可能发生翻转，一旦那样，可就完全失控了！

巨大的气动阻力

　　不知道细心的你有没有注意到，落点预测播报总是在关键节点的 4~7min
之后。这是为什么呢？难道是计算需要这么长时间吗？其实，刚刚讲的计算
过程确实很复杂，变量多，还相互影响，但实际上计算量并不多，只要把数
据输入计算机，基本上瞬间就能出结果。之所以要等 4~7min，**是为了获取关
键节点之后的一段运行轨迹**。每次关键节点之后，神舟十三号的轨迹都会有
明显变化，如果直接计算，误差就会比较大。有了前面一段稳定的运动轨迹
作为参考，我们就能更准确地预测落点。

7

以小克巨，机械臂怎扛重负

📅 科技背景

2021 年 6 月 17 日，这一天意义非凡！随着神舟十二号划破长空，成功升空，中国空间站终于迎来它的首批"访客"。自此以后，多项精彩的太空任务陆续展开，中国空间站也如同一位神秘的舞者，在众人的瞩目下，缓缓揭开了它神秘的面纱。

在空间站众多令人惊叹的设备中，空间站机械臂凭借其独特的"类手臂"设计，迅速成为网友热议的焦点。尤其在某剧"剪卫星"的热梗出现后，大家更是对它津津乐道，乐此不疲。

核心舱机械臂

这个神奇的空间站机械臂，采用了"3+1+3"的精妙设计方式，高度模拟人体手臂的运动模式。就像我们的肩膀和手腕，它的肩部和腕部能够绕3个不同方向自由旋转，肘部则可以绕一个方向转动，加起来一共有7个自由度[①]，也就是7个旋转方向。想象一下，这就如同人类的手臂一般灵活，特别是肩部和腕部，当它们的3个旋转方向相互配合时，机械臂就如同拥有了"超能力"，能够实现360°无死角的工作，在太空中完成各种高难度的任务，是不是特别厉害呢？

💬 提出问题

大家能想象吗？在遥远的太空，中国空间站的核心舱机械臂正发挥着巨大作用。它展开的长度达到10.2m，这可是差不多有3层半楼房那么高呢！它自身总质量738kg，大约相当于10个成年人的质量。它的最大承载能力竟然高达25t，这25t有多重呢？就好比一辆重型卡车的质量。大家想想，10个成年人一起使劲，也绝对抬不起一辆重型卡车，可这个核心舱机械臂却能轻松承受25t的载荷，是不是特别神奇？

再说说它的构造，机械臂有7个自由度，这意味着它有7个驱动电机。据估计，整个机械臂一大半的质量都是这些驱动电机的质量，而真正用来承载重物的筒状结构，质量其实并不大。这就更让人好奇啦，为什么这么轻的筒状结构，却可以承受像重型卡车那么重的25t载荷呢？接下来，让我们一起探寻这个神奇现象背后的秘密吧。

🖥 基础知识

空间站机械臂：地面上的承载挑战

当这个机械臂一端固定，另一端去抓东西干活的时候，在那种快要达到极限的关键状态下，我们可以把它想象成一根长长的杆子，就像一根长10.2m的悬臂梁，它的直径大概有300mm。

---

① 自由度，指特定方向的运动，如一个物体有6个自由度，分别是3个方向的水平移动，和3个方向的旋转运动。

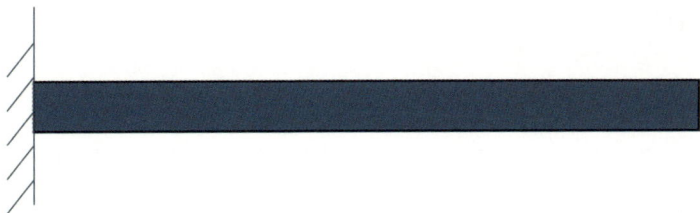

悬臂梁模型

航天上用的材料都很特别，一般是铝镁合金或者钛合金，为啥用这些材料？因为**又轻又结实**。就以铝镁合金来说吧，它的密度大约是 $2.66g/cm^3$，性能好一些的这种合金材料，它能承受的屈服应力差不多有 380MPa，许用应力是 253MPa。

现在我们做个有趣的计算。如果把这个机械臂当成是实心的圆截面，那么长 10.2m 的悬臂梁，它的一端能够承受的载荷居然可以达到 2.6×10^9N，这是多少呢？换算一下就是 2.6×10^5t 的重物，远远超过了 25t 呀！而且，这个机械臂的直径有 300mm，比较大，所以它承受弯曲的能力是很棒的。即使它是空心的圆截面，在地面上能承受的静载荷也差不多是同样的量级。

不过，这里面有个问题。虽然这个像筒子一样的结构好像能承受 25t 的质量，机械臂关节处的**驱动电机可不一定能行**。在那种快要到极限的状态下，需要的驱动力矩必须得大于 $2.55 \times 10^6N \cdot m$ 才行。可是，普通电机的扭矩一般也就只有几百到几千的数量级。这么大的驱动力矩，就算是在航天领域，也不会专门去做这样一个电机。

你可以在脑海里想象一下下面的画面。有一根直径 300mm 的铝镁合金长杆，要靠和它直径差不多大的驱动电机来吊起一个 25t 的重型卡车，是不是感觉有点难呀？**不是这根长杆不够结实，而是这个电机很难有这么大的力气**。还有，其实这个机械臂是由 2 段组成的，7 个电机安装连接的地方，都是整个机械臂结构比较容易出问题的薄弱环节。

因此，我们就明白了，机械臂的 25t 极限载荷，不是说在地面上的载荷。实际上，机械臂是在太空中工作的，地面上的这些载荷情况对它在太空干活来说，其实没有太大的参考意义。

🔬 力学解释

揭秘太空机械臂：承载能力背后的奥秘

在遥远的太空，机械臂与空间站一同围绕着地球翩翩起舞，它们彼此之间保持着相对静止的状态。由于这种绕地运动，空间站和机械臂仿佛进入了一个神奇的**"失重世界"**，在这里，重量的概念仿佛消失了一般。就好比让胖子和瘦子在太空中拔河，因为没有了重力的偏袒，他们谁也无法轻易战胜对方。

在这个失重的环境里，想要移动一个物体变得轻而易举，哪怕是极其微小的力，都能让物体动起来。想象一下，宇航员在舱外，只要用手指轻轻一点空间站，宇航员和空间站就会缓缓分开。这时候，它们分开的速度是和质量紧密相关的，而且遵循**动量守恒定律**。

空间站绕地飞行

当机械臂执行轨道器对接任务时，它一端稳稳地固定在空间站上，另一端则伸展出去，牢牢固定在等待对接的轨道器上。接着，当机械臂要把轨道器拉近空间站时，奇妙的事情发生了。根据**动量守恒定律**，在机械臂用力拉的同时，空间站本身也会朝着轨道器的方向靠近。在这个过程中，所使用的力并不大，空间站的轨道位置却会发生一些细微的改变。大家想一想，如果目标轨道器的质量越大，那么空间站的位置改变也就会越大。然而，在太空中，空间站的轨道位置可不能有太大的变动，不然会影响整个空间站的正常运行。所以，这就是机械臂设定 25t 载荷极限的一部分原因。

机械臂进行对接作业

在太空中，没有了我们熟悉的重力，但**惯性依然存在**，这也是机械臂承载极限设定为 25t 的另一个关键因素。当机械臂准备带动一个重达 25t 的重物时，重物的速度要从零开始增加，这个过程中就会产生加速度，进而出现"惯性力"。而且，物体的质量越大，惯性力也就越大，这对驱动机械臂的电机来说，可是个巨大的挑战。在启动的那一瞬间，电机必须具备良好的抗"冲击"能力，才能顺利带动重物。

除要应对惯性力外，电机还得有超高的**控制精度**。因为质量越大，物体的惯性就越大，想要让 25t 的重物开始运动，在启动阶段要对它进行控制，这可不是一件容易的事。不过，如果不考虑完成作业所需要的时间，我们倒是可以通过慢慢加速的方式实现对其控制，这样对电机的要求相对会小一些。

8

恐怖水压，载人舱如何防护

科技背景

在探索海洋的漫漫征程中，深海一直蒙着神秘的面纱。2020年11月10日，我国自主研制的"奋斗者"号深海潜水器，宛如一条钢铁蛟龙，成功坐底马里亚纳海沟，坐底深度达到惊人的10909m。这一壮举标志着我国在深潜探测领域迈出了重大一步，成为我国深潜探测事业的一座光辉里程碑。

其实，我国并非第一批踏入破万米深的马里亚纳海沟的探索者。第一批为1960年雅克·皮卡德和当·沃尔什，他们曾驾驶"的里雅斯特"号潜入马里亚纳海沟10916米。在2012年，加拿大著名导演卡梅隆，驾驶着由澳大利亚工程师精心打造的"深海挑战者"号，深入这片神秘海域，并用镜头记录下了深海的奇妙景象。"深海挑战者"号高7.3m，总重12t，它的单人载人舱厚64mm，半径仅609mm。据新闻报道，卡梅隆进入时都得屈膝，空间之狭小可见一斑。我国的"奋斗者"号则能同时容纳3人坐姿工作，参考"蛟龙"号3人载人舱的数据，半径1218mm，厚度74mm，在这个尺寸下，"蛟龙"号内3人坐下来仍有些拥挤，但相较于"深海挑战者"号，空间明显宽敞许多。

提出问题

看到"奋斗者"号能容纳3人，载人舱空间比"深海挑战者"号大得多，大家是不是很好奇，制造大尺寸载人舱有什么特别的难处？随着载人舱尺寸增大，要承受万米深海的巨大水压，舱体材料怎么选？怎样设计结构形状，才能保证安全又稳定？开动你们聪明的小脑袋，一起来琢磨琢磨吧！

深海中的探测器效果图

🧑 力学解释

探秘"奋斗者"号：深海抗压的智慧结构

在神秘的深海世界里，"奋斗者"号就像一位无畏的勇士，勇敢地探索着未知。这类用于深海潜入的潜艇，体形通常都比较大。这是因为它们不仅要携带各种各样的探测设备，潜艇自身也配备了各类复杂的系统，这些都需要占用不少空间。就拿"奋斗者"号来说，它的个头相当可观。要是让"奋斗者"号内部所有空间都保持一个大气压的环境，这既不现实，也没有必要。

于是，"奋斗者"号采用了一种巧妙的设计。它**内部的某些结构其实是浸没在水中的**，通过这种方式来维持内外压差的平衡。可以想象一下，如果不这样做，那么就必须把"奋斗者"号的外壳设计得特别厚，才能抵抗深海的巨大压力。可这样一来，"奋斗者"号的自重就会大大增加，行动也会变得十分笨拙。所以，在"奋斗者"号里，只有载人舱是需要完全密封的，舱内要保持一个大气压，这样才能为人类提供适宜的生存条件。

载人舱是"奋斗者"号的关键部分。载人舱不仅要保证内部气压为一个大气压，还要承受万米水深带来的巨大水压。学过浮力就可知道水压是怎么计算的，在万米深海，水压接近110MPa，这可是一个大气压的1100倍。从材料的角度看，110MPa的压力似乎不算太大，常见的钢材，它的屈服应力就

"奋斗者"号载人舱

远远超过 110MPa。然而，对于结构而言，110MPa 在某些情况下就显得相当巨大了。

在深海的水下，载人舱承受着高达 110MPa 的水压。它受到的是压缩力，但球形舱的破坏形式可不一定是单纯的压缩破坏。一般来说，失效往往是从屈服开始的。一旦载人舱出现局部屈服，变形就会越来越大，结构形式也会跟着改变。这时，应力会重新分布，导致变形位置出现应力集中的现象，进而使得舱体进一步凹陷，最终可能被压扁。

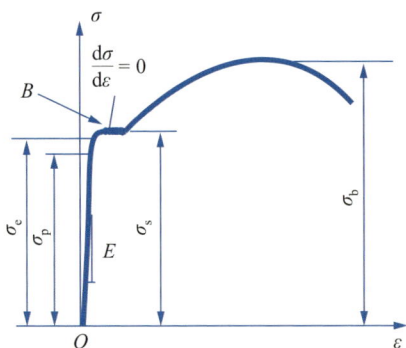

屈服点 B，在 B 点右侧，结构失效

怎么保证载人舱的安全呢？对于一个完美的球形载人舱，根据材料力学的原理，我们可以很容易地计算出它在外载作用下的工作应力。通过合理设计球壳的厚度，再选用性能优异的材料，就能够让工作应力小于许用应力，这样就能保证载人舱安全可靠。而且，球壳厚度越厚，工作应力就越小，结构也就越安全。不过，这也会带来一个副作用，那就是结构的自重会变得很大。

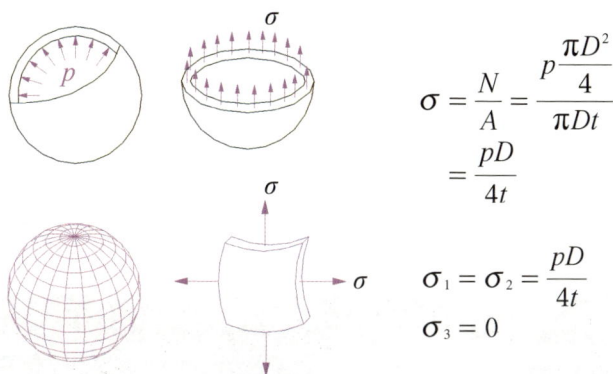

$$\sigma = \frac{N}{A} = \frac{p\dfrac{\pi D^2}{4}}{\pi D t}$$

$$= \frac{pD}{4t}$$

$$\sigma_1 = \sigma_2 = \frac{pD}{4t}$$

$$\sigma_3 = 0$$

球壳应力计算

从上面的计算式我们还能发现，工作应力与直径成正比。"奋斗者"号的直径大约是"深海挑战者"号的两倍，所以在同样的条件下，**"奋斗者"号载人舱的工作应力就会大一倍**。翻倍的工作应力可不是闹着玩的，一般在设计时，应尽量让工作应力贴近许用应力。可现在工作应力翻倍，直接就超过许用应力。为了保证安全，就必须把球壳的厚度加厚，这样一来，"奋斗者"号的自重就更大了。从设计的流程来讲，大尺寸和小尺寸的球形载人舱，计算过程其实是一样的，在难度上并没有本质区别。但真正的挑战在于材料的选择和制造工艺，这就像是一场高难度的科技攻坚战，需要科学家和工程师不断地突破创新。

钛合金：助力"奋斗者"号抗压的神奇材料

载人舱能否安全可靠，关键就看结构内部的工作应力有没有超过材料的许用应力，而**工作应力可以通过调整结构尺寸和材料来控制**。要是使用传统钢材，它的屈服应力大约是 200MPa，按照这个数据计算，打造载人舱的球壳厚度差不多得有 170mm。对比一下"蛟龙"号载人舱，它的厚度才 74mm，传统钢材所需厚度可是"蛟龙"号的两倍多呢！这无疑会让载人舱的自重变得非常大，给潜艇的运行带来诸多困难。

因此，要想让载人舱的厚度更薄，就必须得找到一种性能更优的承压材料，也就是要找那种**屈服强度更高的新型材料**。这时候，钛合金就闪亮登场，它完美地满足了这些要求。钛合金的力学性质十分出色，它的密度在 $4.51g/cm^3$ 左右，只有钢材密度的一半多一点。这意味着什么呢？同样大小的尺寸，用钛合金制作就会更轻，能有效减轻载人舱的重量负担。而且，钛合金的**比强度特别高**，比强度越大，说明它的综合力学性能就越好，也就更能承受深海的巨大压力。

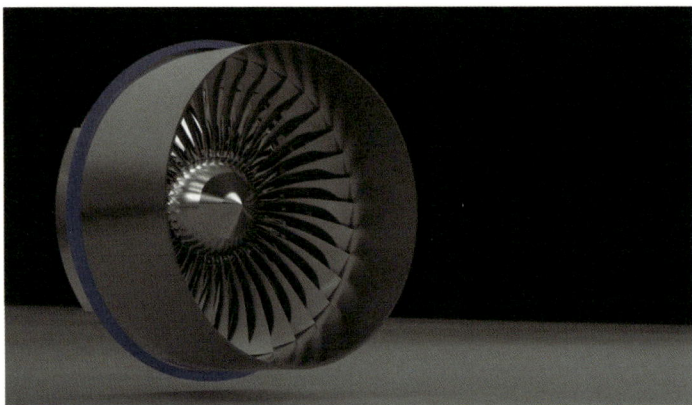

钛合金发动机叶片

其实，钛合金可不是什么新鲜玩意儿，它早就广泛应用在各个行业了，如发动机叶片就经常会用到它。但是，在以前，我国的钛合金强度还达不到"奋斗者"号的要求。这可能是因为设计指标对载人舱的厚度和体积有一定限制，在这种情况下，就只能从材料方面寻求突破。好在咱们国家的材料学家特别能干，经过不懈努力，终于找到了满足"奋斗者"号使用需求的高强度钛合金，为"奋斗者"号成功挑战深海重压立下了汗马功劳。大家是不是觉得科学探索特别神奇，科学家们特别了不起呀？

📖 **扩展阅读**

深海探秘：狮子鱼的抗压绝技

在神秘深邃的海底世界，有一位神奇的"居民"，它就是深海狮子鱼。它生活在水下 8700m 以下的地方，那里的水压高达地面大气压的 870 倍。这是个什么概念呢？想象一下，每平方厘米的面积上，都承受着近 1t 的压力，简直超乎想象！可深海狮子鱼，这看似柔弱的凡体肉身，却能在如此恐怖的水压下悠然自得，它到底有什么神奇的抗压秘诀呢？

（1）深海狮子鱼掌握了"压力平衡术"。它体内外的压力是完全平衡的，不仅体腔内，就连鱼肉内部都充斥着与体外相同的高水压。这就好比一个内外压力相等的气球，无论外界压力多大，只要内部压力与之抗衡，就不会被压扁。正是这种巧妙的压力平衡机制，让深海狮子鱼的肉身无惧水压，自由自在地穿梭在深海之中。

（2）深海狮子鱼还有着独特的"骨骼秘籍"。它的骨骼结构与我们常见的鱼类大不相同，骨头长度较短，而且分布较为分散。这看似简单的结构，相关知识却有着大智慧。当它在游动时，一旦受到外力作用，由于骨骼的特殊分布，骨肉之间的界面应力就会变得很小。就像一群分散的小伙伴，在面对外力冲击时，各自承担的压力较小，不容易出现骨肉分离的情况。这样的骨骼结构，为深海狮子鱼在高压环境下的生存提供了坚实的保障。

深海狮子鱼及其骨架

深海狮子鱼，这位深海中的"抗压大师"，用它独特的生存方式，向我们展示了大自然的神奇与奥秘。你是不是觉得生物的适应能力太不可思议啦？

9

外挤内抵，昆仑玻璃强度异

🗓 科技背景

  2022 年 9 月，Mate50 横空出世。此次发布的手机在众多方面展现出卓越特性，尤其是其手机屏采用了昆仑玻璃制造。这款昆仑玻璃拥有令人惊叹的性能，强度达到普通玻璃的 10 倍，还获得业内极具权威性的瑞士 SGS 五星抗跌耐摔认证，在手机屏幕材料领域引发广泛关注。如今，昆仑玻璃已经全面应用到了华为生产的系列手机上，大大提升了手机的抗摔能力。

手机玻璃

💬 提出问题

  昆仑玻璃如此出众的高强度性能，无疑成为大家热议的焦点。它究竟运用了怎样的独特工艺和技术，才实现了这 10 倍强度的飞跃？背后又有着怎样不为人知的科学原理？这些关于昆仑玻璃强度的谜题，等待着充满好奇心的你们去探索和思考。

基础知识

微观结构：普通玻璃的"脆弱"之源

玻璃在生活中随处可见，人们都很熟悉。它有着许多独特的特性，像透明、质地脆，相信不少人都见过用力砸却砸不碎的特殊玻璃。还有人可能知道，**玻璃模糊了固体与流体的界限**，就如同那历经近百年才滴下一滴的著名沥青实验一样，充满着奇妙。

玻璃的主要成分是二氧化硅和其他氧化物，它属于无规则结构的非晶态物质。这意味着玻璃内部的原子和分子排列毫无规律。而像金属这类材料，原子排列却十分规整，属于晶体结构。

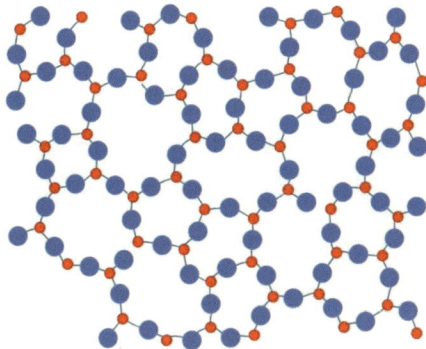

玻璃的无规则分子结构

其实，**原子或分子排列结构是否整齐**，是影响材料整体强度的关键因素之一。通常来说，排列越整齐，材料强度就越高。材料发生破坏，本质上是内部分子间或原子间的相互作用力被分开。对于原子或分子排列不规则的非晶体，从微观角度看，它们之间的距离大小不一。间距大的地方就会形成较大空隙，这些部位也就更为薄弱。在宏观层面，这种现象称为**应力集中**。而规则排列的晶体结构，原子或分子间距离均匀，不存在这种薄弱环节。当然，这只是理想状态。在实际的微观结构中，无论是不是晶体，都会因生产制造过程产生微观缺陷。但总体而言，非晶体的强度还是较弱。

正因如此，在日常生活中，普通玻璃显得很脆，稍不小心掉落就会破碎。普通玻璃的抗拉强度约为 60MPa，抗压强度约为 1000MPa。与其他材料一样，**玻璃抗压能力强，抗拉能力却很弱**。我们做个对比，同样是脆性材料的铸铁 HT200，其抗拉强度约 200MPa，抗压强度约 750MPa。通过对比不难发现，玻璃的抗拉能力着实很差。你不妨思考一下，怎样才能让玻璃变得更坚固呢？

力学解释

外压内拉：解锁玻璃强度升级的密码

前面我们了解到，普通玻璃内部原子分子排列不规则而强度较弱，那么有没有办法让它变得更结实呢？大家可能会想，能不能从微观层面入手，人为地去操纵玻璃分子的排列，从而提升它的强度呢？想法很有创意，不过以目前的技术，人类还没办法大批量地在微观层面摆弄分子，这个方法暂时还不现实。

但别灰心，人类自有办法。我们可以通过各种处理工艺，改变玻璃外层的致密度，也就是制造钢化玻璃、强化玻璃。这里面可是有大学问的。从力学角度分析，**当物体表层受到强烈挤压，形成一层致密的挤压层，并且存在压缩残余应力的时候**，这个物体的整体强度就会大幅提升。

就拿钢化玻璃来说，它的**表层存在压应力**，内部存在残余拉应力。这种独特的应力状态，就像是给玻璃穿上了一层坚固的铠甲，外层紧紧地包裹着内层，让玻璃的整体强度大大增强。这是为什么呢？一方面，表层因为挤压变得更加致密，内部缺陷减少，表层玻璃自身的强度就得到显著提升；另一方面，我们知道玻璃破坏通常是拉伸破坏，而钢化玻璃的表层玻璃要从初始的压应力状态转变为拉应力状态，就得多承受一部分先抵消压应力的载荷，这就相当于给玻璃增加一道防线，整体强度自然就提高了。

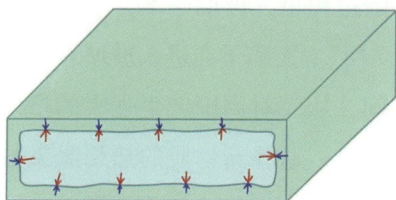

钢化玻璃的强度之谜

其实，钢化玻璃的设计灵感，最早可以追溯到 17 世纪。当时莱茵河的鲁伯特王子把熔化的玻璃液滴进冷水里，神奇的**鲁伯特之泪**就诞生了。鲁伯特之泪有着非常奇特的性质，它的头部异常坚硬，用锤子砸都很难砸碎，简直"坚不可摧"；可它的尾部却极其脆弱，轻轻一碰就断了。也正是这种神奇的反差，让鲁伯特之泪在现代成了网红，吸引着无数人去探索其中的奥秘。你是不是也很好奇，鲁伯特之泪的头部和尾部为什么会有这么大的差异呢？

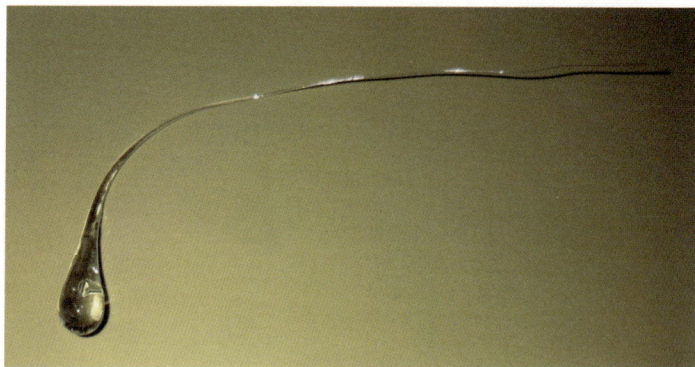

鲁伯特之泪

探秘昆仑玻璃：国产黑科技的诞生

在手机屏幕的材料世界里，昆仑玻璃宛如一颗璀璨的新星，以其卓越的高强度性能吸引着众人的目光。要知道，昆仑玻璃所展现出的高强度，依靠普通的物理处理工艺根本无法实现，只有借助**离子交换**这一神奇的化学工艺，才有可能达成。

离子交换工艺是怎样的呢？首先，把高温状态下的玻璃浸泡在特定的离子溶液中。在这个奇妙的过程里，玻璃原本含有的钠、钾离子，会和溶液中的大离子进行友好的"交换"。大离子在进入玻璃表层后，就像一个个小巨人，**撑大了原有的空穴的空间**，从而对周围产生强大的挤压作用。同时，离子交换后还会形成新的化学物质，这些新物质的**热膨胀系数与原来不同**，在冷却的时候，也会对周围形成挤压。正是这双重挤压，为昆仑玻璃的高强度奠定基础。

昆仑玻璃最终的强度，关键在于离子交换的多少以及离子进入表层的深度。很明显，如果想要得到强度更好的玻璃，就需要让更多的大离子进入玻璃内部。这样一来，外层的压应力层就会更加结实，玻璃也就更加坚固耐用。但这也带来了一个问题，更多的离子交换意味着更复杂的处理过程，处理工艺变得非常耗时。科研人员经过无数次的试验和优化，才攻克了这一难题。

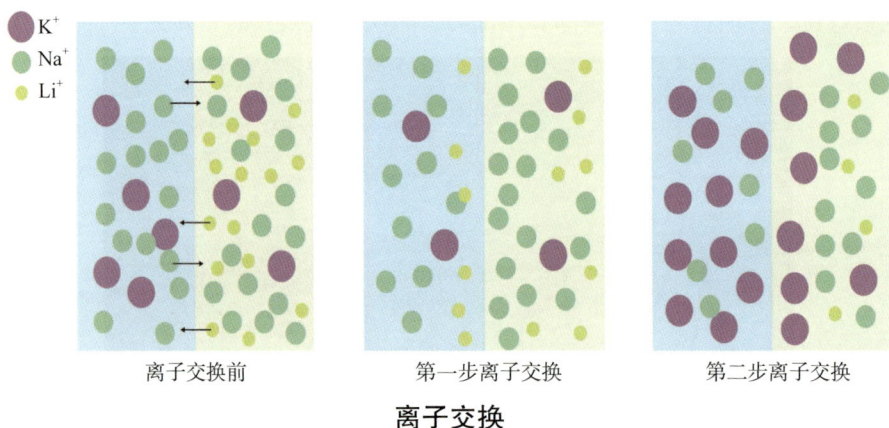

K⁺ Na⁺ Li⁺

离子交换前　　　　　第一步离子交换　　　　　第二步离子交换

离子交换

更值得骄傲的是，昆仑玻璃完全是由国内企业自主研发生产的。它不仅打破了国外技术的垄断，而且在性能上达到甚至超越了国际水平。这是我国材料科学领域的一次重大突破，彰显中国科技的强大实力。可以预见，在未来，随着技术的不断进步和成本的进一步优化，我们必将在更多国产手机屏幕上看到昆仑玻璃的身影，它将为我们的手机使用带来更出色的体验，成为国产手机的一张闪亮名片。

📖 扩展阅读

头强尾弱：网红鲁伯特之泪的神奇之处

鲁伯特之泪有着非常神奇的特性，它的头部几乎坚不可摧，尾部却一碰就碎。这究竟是怎么回事呢？

这其实和它的**成形过程**密切相关。当高温熔融状态下的玻璃滴入冰水中时，会发生很有趣的现象。玻璃表层压应力层的形成主要有两个原因：①玻璃表层入水后会冷却，在冷却过程中就会自然收缩，这样就产生了**压应力层**；②入水部分的表层急剧冷却而迅速降温收缩，可是未入水部分的表层还处于高温状态，这样一来，表层就会产生一种从高温向低温的驱动力，这就使得冷却部分的**表层被更加压实**，从而形成了更加致密的压应力层。鲁伯特之泪的内部还处于高温状态，所以是膨胀的，也就是存在**拉伸应力**。正是这样，鲁伯特之泪的应力状态和钢化玻璃是一样的，这就是它头部"坚不可摧"的奥秘所在。

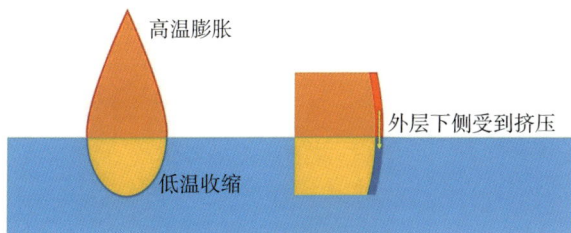

高温膨胀

外层下侧受到挤压

低温收缩

鲁伯特之泪的成形过程

不过，鲁伯特之泪的尾部就不一样了。因为它的尾部细长，没办法形成像头部那样"内胀外压"的应力状态，在这种情况下，它的尾部就和普通玻璃没太大区别了。大家都知道，一般来说，物体的尺寸越小，强度也就越小。鲁伯特之泪这么细的尾巴，轻轻一掰就会断，这就是它尾部"一碰就碎"的原因。

还有更神奇的呢！当鲁伯特之泪的尾巴碎了之后，它会瞬间**炸成粉末**。这是为什么呢？还是因为它"内胀外压"的应力状态。鲁伯特之泪就像一个充满气的气球，内部的膨胀力就像气球里的气压，时刻都想突破外层释放出去。一旦尾部这个突破口出现，就像气球破了个洞，整个鲁伯特之泪就会从尾部向头部传播，像炸弹爆炸一样，瞬间四分五裂，脆裂成粉末。

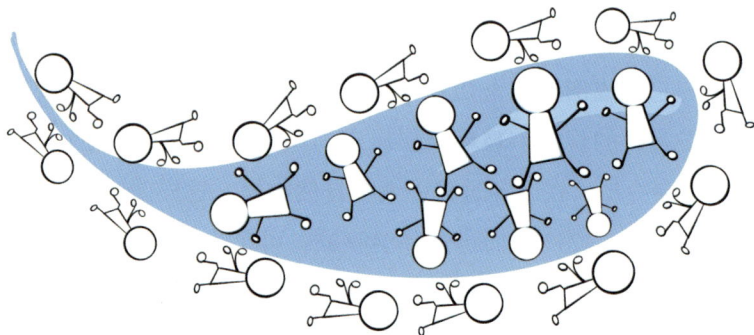

鲁伯特之泪应力状态

10

牛顿若起，精子游动反其理

🏛 科技背景

2023 年 11 月，日本学者在 *PRX: LIFE* 期刊上发表一篇名为"Odd Elastohydrodynamics: Non‑Reciprocal Living Material in a Viscous Fluid"的论文。在论文摘要中，他们明确表示，通过研究奇弹性体的非互易行为，对活性体牛顿第三定律（以下简称牛三定律）的适用性进行了探索，甚至提出了违反牛三定律的观点。

Odd Elastohydrodynamics: Non-Reciprocal Living Material in a Viscous Fluid

Kenta Ishimoto, Clément Moreau, and Kento Yasuda
Research Institute for Mathematical Sciences, Kyoto University, Kyoto 606-8502, Japan

(Received 12 June 2023; accepted 20 September 2023; published 11 October 2023)

Motility is a fundamental feature of living matter, encompassing single cells and collective behavior. Such living systems are characterized by nonconservativity of energy and a large diversity of spatiotemporal patterns. Thus, fundamental physical principles to formulate their behavior are not yet fully understood. This study explores a violation of Newton's third law in motile active agents, by considering non-reciprocal mechanical interactions known as odd elasticity. By extending the description of odd elasticity to a nonlinear regime, we present a general framework for the swimming dynamics of active elastic materials in low-Reynolds-number fluids, such as wavelike patterns observed in eukaryotic cilia and flagella. We investigate the nonlocal interactions within a swimmer using generalized material elasticity and apply these concepts to biological flagellar motion. Through simple solvable models and the analysis of *Chlamydomonas* flagella waveforms and experimental data for human sperm, we demonstrate the wide applicability of a nonlocal and non-reciprocal description of internal interactions within living materials in viscous fluids, offering a unified framework for active and living matter physics.

DOI: 10.1103/PRXLife.1.023002

论文摘要

这一说法可不得了，就像是一颗重磅炸弹，瞬间引发了轩然大波。在自媒体的广泛传播下，大家围绕牛顿力学体系，尤其是牛三定律的适用范围，展开了热烈的讨论。一时间，"牛顿的棺材板要压不住了"这样的调侃在网络上随处可见。

人们纷纷开动脑筋，试图为牛三定律看似"失效"的现象找到合理的解释。有一种观点认为，这并非牛三定律本身出错了，而是精子的特殊情况导致的。精子的体积非常小，这使得它在游动过程中的雷诺数极低。在这种情况下，液体的黏性力成为主导因素。所以，精子一旦停止游动，就会马上静止，不像普通物体那样，由于惯性还能继续向前移动一段距离。

为了更好地理解，我们可以想象一下在低雷诺数环境下游泳的情景。在正常情况下，当我们游泳时向后划水，根据牛三定律，手对水施加一个作用力，水就会给手一个大小相等、方向相反的反作用力，正是这个反作用力推动我们的身体前进。然而，在低雷诺数的特殊环境中，情况就大不一样了。即使我们用力向后划水，身体也很难向前移动，仿佛水并没有按照牛三定律给我们施加相应的反作用力。

总结起来，网友们普遍认为，**牛顿力学可能不适用于微观世界，或者是因为精子运动速度太慢**，反作用力难以体现。但实际上，人类精子的尺度还远远达不到微观领域的范畴，它仍然处于牛顿力学的研究范围之内。而且，日本学者的这项研究本质上是理论研究，从理论上来说，无论反作用力多么微小，都应该有一个对应的表达式，所以不存在反作用力无法体现的情况。

💬 提出问题

那么，真相到底是什么呢？人类精子真的能打破牛三定律吗？想要一探究竟，我们还得深入研究这篇论文。令人惊讶的是，当我们仔细阅读论文正文后发现，除摘要中明确提到违反牛三定律之外，正文中再也没有出现过相关内容，反而更多地在探讨非互易性。这其中到底隐藏着怎样的秘密呢？

▦ 基础知识

牛三定律: 精子运动的统率之力

在物理学的奇妙世界里，牛顿力学是一座重要的大厦，**牛三定律则是支撑起这座大厦的坚实基石**。牛三定律，也就是作用与反作用定律，描述这样一种神奇的力学关系：当两个物体相互作用时，在它们的接触部位，各自都会受到对方施加的力，这两个力分别称为作用力和反作用力。关键是，它们大小相等，方向相反，且在同一直线上。

让我们通过一个生活中常见的例子来理解。想象一下，在一张平稳的桌子上放着一个苹果。在地球重力的作用下，苹果与桌子之间存在着接触力。苹果受到桌子向上的支撑力 F'，桌子则受到苹果向下的压力 F，这里的压力大小恰好等于苹果自身所受的重力。这一对力，就完美地满足牛三定律。

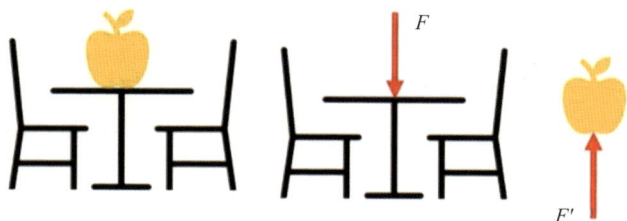

牛三定律解释

从牛三定律的表述来看，它并没有设置过多复杂的限制条件，唯一的限制与牛顿力学本身的适用性相关。我们都知道，**牛顿力学主要研究的是通常尺寸下宏观物体的机械运动规律**。在我们的日常生活中，所接触到的各种各样的物理现象，基本上都能够用牛顿力学进行解释。这也就意味着，只要是发生在日常生活中的现象，牛三定律必然是成立的。

那么，精子的运动是否属于日常生活现象呢？这主要取决于它的尺寸大小。一个正常的精子，长度在 55~60μm，其中，头部的长度为 3.5~5μm，宽度为 2~3μm，中部长度 5~7μm，宽度 1μm，剩下的尾巴长度约 45μm。大家可以对比一下，我们常见的头发丝，其直径在 60~90μm。这样看来，一个精子的长度仅仅比头发丝直径稍微小一点，不过由于它的宽度太细，所以肉眼还是很难发现它。尽管精子看起来非常小，但从科学

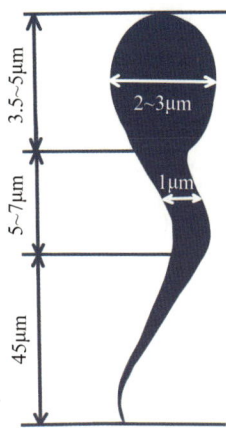

精子的尺寸（尺寸比例仅供示意）

的角度讲，它确实仍然属于牛顿力学的研究范畴。甚至在更小尺度的纳米力学领域（10^{-9}m，即 1nm），经典力学（也就是牛顿力学）里的一般力学原理依然是适用的。所以，精子的运动也理应遵循牛三定律。

互等定理：世界对称性的体现

既然精子运动仍然属于牛顿力学范畴，自然也将遵循牛三定律，日本学者为何指出精子运动违背牛三定律呢？仔细查看这篇论文，正文部分始终说的是**违背了麦克斯韦－贝蒂互等定理**，也就是呈现出非互易性。

所谓的**麦克斯韦－贝蒂互等定理**，在材料力学领域，它还有一个大家更为熟悉的名字——**功（位移）的互等定理**。我们以梁结构为例，在梁的位置 A 和 B 各施加一组力，这两组力会分别在 A 和 B 位置产生对应的位移。此时，A 点的力在 B 点力引起的位移上所做的功，与 B 点力在 A 点力引起位移上所做的功是相等的。当这两组力大小相等时，这就是位移互等定理。

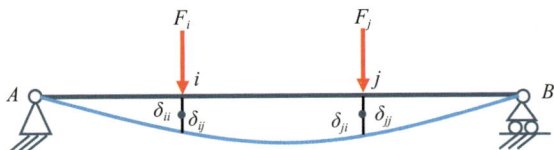

$$F_i \cdot \delta_{ij} = F_j \cdot \delta_{ji}$$

位移互等定理

这种位移互等性，本质上体现的是一种**对称性**。而这种对称性的根源，来自材料自身的力学行为，简单来说，就是材料受到怎样的力，就会产生怎样的位移。材料的这种力学行为，称为材料的本构。在自然界中，绝大多数材料都具备这种对称性，对称性也是构成本构方程的基本原理之一，通常情况下是不可违背的。

不过，需要注意的是，满足这种对称性是有前提条件的，那就是该结构（系统）的**能量必须是守恒的**。这意味着这种材料自身不能自发地产生或消耗能量，也就不会与外界进行能量交换。幸运的是，绝大多数材料都自然而然地满足这个条件。

那么，精子运动的非互易性又是怎么回事呢？它不违背牛三定律，却违背了麦克斯韦 – 贝蒂互等定理，这背后的原因又是什么呢？别急，让我们继续深入探究，揭开精子运动的神秘面纱。

奇弹性：世界非对称性的体现

在材料力学的世界里，对称的材料本构方程有着独特的表现，其刚度矩阵是对称的。就拿最简单的各向同性材料来说，在平面应力情况下，它的刚度矩阵 D 就像我们看到的这样，这种矩阵的对称性实际上体现的就是一种互等定理。以往，研究者大多聚焦于遵循能量守恒定律的材料，这类材料的特性比较稳定，分析起来也相对容易。

$$[D] = \frac{E}{1-\mu^2} \begin{bmatrix} 1 & \mu & 0 \\ \mu & 1 & 0 \\ 0 & 0 & \frac{1-\mu}{2} \end{bmatrix}$$

对称的矩阵

但随着科研的不断深入，软材料、生物质等有生命物体进入了大家的研究视野。大家发现，生命体有着和普通材料截然不同的特性，它们自身就如同精密的机器，能够产生或消耗能量。**这种能量的变化，让它们的刚度矩阵不再是对称的**。为了更方便地分析这类材料的力学行为，研究者通常会对这种不对称的刚度矩阵进行巧妙的分解，把它变成一个对称矩阵加上一个反对称矩阵。

经过这样的分解，其中的对称项所体现的就是传统材料的性质，它依然满足互等定理；而反对称项就比较特殊了，它无法满足位移互等定理。只要本构方程中存在反对称性项，这种材料就称为**奇弹性体**。奇弹性体有着一些超乎常人想象的力学行为。例如，当我们对一个普通的方块进行正向膨胀时，正常情况下它会均匀变大，内部产生的应力方向也和膨胀方向一致。但要是这个方块是由奇弹性体制成的，情况就大不一样了，它可能根本不会变大，甚至还会发生旋转。这是不是很神奇？

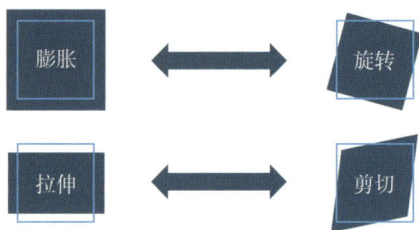

奇弹性体的奇特力学行为

为了让大家更好理解，我们举一个生活中常见的例子。想象一根弹簧，在一般情况下，我们把它看作是一维的，力和位移满足简单的胡克定律。但在实际情况中，当我们压缩这根弹簧时，在其横截面内，**弹簧本身会发生旋转**。也正是因为弹簧的这个特性，很多学者都喜欢用弹簧连接的模型表示奇弹性体。

这种非对称刚度矩阵的出现，完全是因为**材料本身和外界存在能量交换**。弹簧在经历一个受力循环的过程中，将会对外做功或者消耗能量。这种考虑了能量交换的理论，称为柯西弹性理论。与普通的格林弹性模型相比，柯西弹性理论显然要复杂得多。而在自然界中，适合用柯西弹性理论来解释的奇弹性体，大多是生命体，如人类精子，它在运动过程中始终与外界进行着能量交换，这也正是它的运动表现出非互易性的关键原因。

🧑 力学解释

真相大揭秘：人类精子是否违反牛三定律？

日本学者发表的这篇论文，乍一看，似乎抛出了一个惊世骇俗的观点——人类精子违反牛三定律。但当我们深入研读全文，就会发现事情并非如此简单。实际上，这篇文章真正想表达的是**人类精子的力学行为违反了互等定理**，呈现出明显的非互易性，而不是违背牛三定律。可要是不仔细阅读全文，就很容易掉进理解的"陷阱"，误以为精子在游动时与液体的相互作用打破了牛三定律，这也正是网友们热烈讨论的焦点。

精子模型

我们深入剖析一下这篇论文。作者提到了相互作用，但研究对象主要是人类精子本身，精子在这里被视为一个奇弹性体。在研究过程中，对于精子所受的相互作用，作者采用了**液体的黏性力**。从这个黏性力的表达式中能看到，黏滞系数是一个常数。这就表明，作者在分析时已经对问题进行了简化处理，**没有考虑精子与流体间相互作用力的变化情况**。这进一步说明，网友热议的重点和论文的核心内容其实并不一致。

在这种简化后的黏性力作用下，作者对精子的非互易性行为展开了分析，主要工作是计算精子的反对称刚度矩阵，并预测了精子游动时的波形。从本质上说，人类精子的游动并没有违背牛三定律。不管是精子受到的作用力与流体受到的反作用力，还是在计算过程中，论文作者将精子离散后各精子小段之间的作用力和反作用力，都严格遵循牛三定律，它们必定是大小相等、方向相反且作用在同一条直线上的。

那么，为什么会产生误解呢？这是因为精子作为奇弹性体，在与外界进行能量交换的过程中，会出现一些特殊的力学现象。原本传递过来的力可能并不太大，精子产生的变形却比较大，而且变形方向与力的方向不一致。正是这些特殊的表现，让大家误以为它违反牛三定律。实际上，牛三定律在精子运动这个看似复杂的现象中，依然稳稳地"站得住脚"。

第三篇

体育竞技的力学艺术

竞技体育从来都不仅仅是运动员体力的较量，背后
更是科技、科研力量的比拼

1

铅球飞掷，力学托举破长空

⊞ 体育背景

2023 年 8 月 19 日，全球瞩目的世界田径锦标赛在匈牙利布达佩斯激情开幕。这场体育盛会汇聚了来自世界各地的顶尖田径选手，他们将在赛场上展开激烈角逐，向着荣誉与梦想全力进发。

中国田径队积极备战，精心挑选出 41 名实力超群的运动员，组成了一支充满斗志的参赛队伍。他们肩负着国人的期待，踏上这片充满挑战的赛场，参与包括竞走、马拉松、铅球、跳高、跳远、跨栏等在内的 17 个项目的比拼。在出征前，中国田径队就立下了力争三金的宏伟目标，尤其是在竞走、铅球和跳远这几个项目上，队员们更是满怀信心，摩拳擦掌，立志要在赛场上披荆斩棘，勇夺金牌。

在整个比赛过程中，中国田径健儿们充分展现出顽强拼搏的体育精神。他们在赛场上挥洒汗水，每一次起跑、冲刺、跳跃、投掷，都凝聚着无数的努力与付出。最终中国队以 2 枚铜牌收官，未能达成赛前设定的目标，但运动员们在赛场上的精彩表现，依然赢得了观众们的热烈掌声和尊重。他们用实际行动诠释了对田径运动的热爱与执着，也为中国田径事业的发展积累了宝贵经验。这场比赛不仅是一次体育竞技的较量，更是一次对自我的挑战与超越，激励着更多青少年投身到田径运动中来，追逐自己的体育梦想。

💬 提出问题

在世界田径锦标赛等备受瞩目的体育赛事里，各个夺金热门项目都有着独特的魅力与挑战。以竞走项目来说，它对运动员的耐力有着极高要求。运动员若想在竞走比赛中脱颖而出，必须提高双腿的摆动频率。这无疑需要消耗更多的体力，每一次快速的步伐交替，都是对体能极限的挑战。

竞走比赛

从力学原理深入剖析，在竞走过程中，运动员的体重是相对固定的，双脚与地面的摩擦系数也较为稳定。在这种情况下，重力、摩擦力以及支撑力基本维持不变。这就使得从力学层面提升竞走成绩变得困难重重，仿佛在一片规则既定的天地里，难以找到突破的缺口。

然而，铅球和跳远项目却展现出另一番景象。即便运动员自身的爆发力在一定阶段是固定的，可一旦巧妙运用力学知识与技巧，就能创造出令人惊叹的成绩。例如，让铅球在空中划出更远的轨迹，让跳远运动员跳出超乎想象的距离。

现在我们不妨开动脑筋，深入思考一下。在铅球投掷的瞬间，究竟该如何巧妙运用力学原理，才能够让铅球冲破空气的阻力，被投掷到更远的地方呢？是角度的精准把控，还是力量的瞬间爆发？又或者是其他鲜为人知的力学奥秘在发挥作用呢？让我们一起走进力学的奇妙世界，探寻铅球投掷更远的秘密。

铅球运动需要力学技巧

📖 基础知识

铅球为何能"一飞冲天"：探寻飞行更远的动力奥秘

常听人说："只要动力足够，牛也能飞上天。"这话看似荒诞，却道出了物体运动的关键要素——动力。就拿铅球运动来说，铅球能在空中划出漂亮的弧线，远飞而去，恰恰印证了这一观点。想要弄清楚铅球飞得更远的秘密，我们得先把扔铅球的过程拆解成**两个阶段**：准备阶段和飞行阶段。

在准备阶段，铅球还在运动员手中，正蓄势待发，这个阶段是铅球获得动力、为远飞做准备的关键时期，相当于一场精彩大戏的前奏。此时，铅球同时受到自身**重力**、手的**推力**，以及空气**阻力**的作用。在这三个力中，手的推力无疑是"老大"，正是它赋予了铅球飞行的原始动力，如同给火箭注入了第一股强大的推进力。

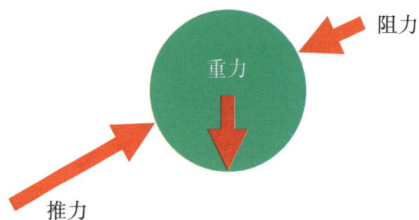

铅球受力（准备阶段）

一般来说，女子铅球重 4kg，直径在 9.5~11cm，质量固定不变。而空气阻力在准备阶段几乎可以忽略不计，因为运动员出手时的速度较小，和重力、手的推力相比，空气阻力简直微不足道。

当铅球脱离运动员的手，进入飞行阶段时，情况就发生了变化。这时，铅球只受到**重力和空气阻力**的影响。铅球是球体，它在空中的姿态对迎风面积没什么影响，所以空气阻力主要取决于速度，而且和速度的平方成正比。在铅球刚离手的那一刻，速度达到最大值，相应地，空气阻力也达到了峰值。从这一刻起，铅球因为没有了后续动力的支持，它飞行的远近已经完全不受人力控制了。

$$F = \frac{1}{2} C S \rho v^2$$

空气阻力 → 阻力系数 C　空气密度 ρ　迎风面积 S　物体运动速度 v^2

空气阻力

这么看来，**手的推力对铅球飞行距离起着决定性作用**。从能量的角度理解，铅球要飞得更远，需要在离手瞬间拥有更多的动能，而这些动能全部来源于运动员手对铅球做的功。根据做功的条件，需要有力的作用和在力的方向上使物体移动了距离（也就是位移），这两个因素缺一不可。简单来说，要让铅球飞得更远，一方面运动员得具备强大的爆发力；另一方面，在准备阶段，爆发力作用使铅球产生的位移（也就是铅球在手中停留、受力过程移动的时间）得足够大。

$$W = Fs$$

做功方程

对于一名运动员而言，在比赛时的爆发力基本是稳定的，毕竟这种爆发力是靠平时日复一日、刻苦训练才慢慢提升的。在爆发力固定的情况下，**每次掷铅球的动作就成了决定爆发力作用位移大小的关键**。这就是为什么在掷铅球时，运动员会先向后侧弯，然后通过起身、转体和推手等一系列连贯动作，尽可能让铅球在手中移动的距离变长。而这些看似简单的标准动作，背后是运动员长时间的艰苦训练，每一个细节都凝聚着他们追求更远投掷距离的努力和汗水。

📖 力学解释

飞行轨迹：铅球制胜的力学策略

在铅球运动中，要让铅球飞得更远，除要有强大的动力外，飞行轨迹也是制胜的关键要素之一。然而，铅球在空中飞行时并不受人为自主控制，这就使得出手瞬间的角度变得至关重要，它如同开启胜利之门的一把关键钥匙。

在中学物理的理想模型中，当我们忽略空气阻力和人体身高的影响时，通过简单的物理计算可以得知，铅球出手的**初始角度为 45° 时，其飞行距离最远**。这个结论就像是一个简单而美好的理论公式，在没有外界干扰的理想世界里，指导着铅球的飞行。

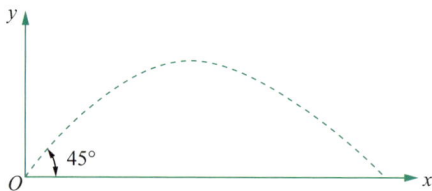

45° 出手角度，飞行最远

但回到现实的铅球赛场，运动员是有实际身高的，考虑到这一因素后，45° 就不再是最佳出手角度了。假设出手角度为 α，我们可以通过一系列物理知识和数学推导，得出铅球飞行距离的表达式。经过复杂的计算，我们能找到这个表达式中距离的最大值，进而确定最佳出手角度。从这个表达式中，我们可以清晰地看到，**出手角度与身高有着紧密的联系**。不过，这里所说的身高，并非运动员的实际身高，而是**铅球的出手高度**。在运动员完成一套标准的掷铅球动作后，出手高度 h 和出手角度 α 基本是相互匹配的。当我们把实际数据代入表达式进行计算时，就会发现，此时的最佳出手角度必定小于 45°。

前面的计算，我们还忽略了空气阻力的影响。而在真实的环境中，空气阻力是切实存在的。因为空气阻力的作用，铅球的飞行轨迹不再是理想中的抛物线。空气阻力就像一个看不见的"小怪兽"，不断消耗着铅球的能量，导致它的水平飞行距离 s 变短。而且，空气阻力始终与铅球的飞行方向相反，它的大小和方向会随着铅球的飞行状态时刻发生变化。这就使得想要列出一个准确的铅球飞行距离表达式变得困难重重。

$$s = v \cos \alpha \left(\frac{v \sin \alpha}{g} + \sqrt{\frac{v(\sin \alpha)^2}{g^2} + \frac{2h}{g}} \right)$$

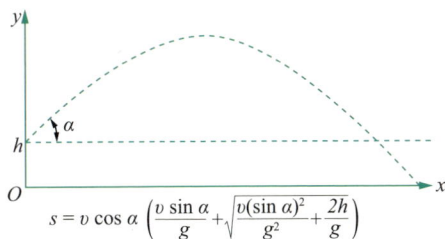

考虑身高的飞行轨迹　　　　考虑空气阻力的飞行轨迹

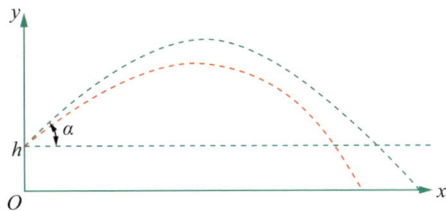

不过，聪明的科学家和运动员们借助了现代科技手段——有限元软件。在给定铅球出手高度和速度的情况下，通过设置不同的出手角度，利用软件强大的计算能力模拟铅球的飞行过程，从而计算出不同角度下的铅球水平飞行距离，以此判断出最佳出手角度。经过大量的模拟计算发现，这个**最佳角度通常在35°~39°**，这与运动员在实际比赛中的出手角度是一致的。所以，运动员们在日常训练中，不仅要锻炼力量和技巧，还要精准掌握这个最佳出手角度，才能在赛场上让铅球飞得更远，赢得比赛的胜利。

📖 扩展阅读

力学分析的多元视角：理论、仿真与试验

在探索力学世界的征程中，力学分析方法主要分为理论分析、仿真分析和试验分析这三大类，每一类都有其独特的价值、优势与局限。

（1）**理论分析：构建理想世界的数学蓝图**。理论分析犹如搭建一座宏伟建筑的基石，它基于理想情况展开探索。在这种分析方式下，我们运用数学工具，从基本的物理原理出发，推导出精确的数学方程，从而描绘出物理现象的规律。例如，在研究物体运动时，若我们假设不存在空气阻力等干扰因素，就能轻松地推导出物体做完美抛物线运动的方程。这种分析方法逻辑严谨，结果简洁且具有高度的概括性，为我们理解力学现象提供了最基础的理论框架。然而，它的局限性也十分明显，由于现实世界充满了各种复杂的干扰因素，理论分析往往只能适用于一些简单的理想场景，一旦面对真实的复

杂情况，其推导结果与实际情况可能会产生较大偏差。

（2）**仿真分析：借助计算机跨越现实与理论的桥梁。**随着计算机技术的飞速发展，仿真分析应运而生。它借助计算机强大的计算能力，针对实际问题建立简化模型进行模拟计算。例如，在分析汽车在复杂路况下的行驶性能时，我们可以将汽车的结构、发动机性能和轮胎与地面的摩擦等因素纳入模型，通过计算机模拟不同的行驶条件，得出诸如速度变化、能耗等相关结果。这种分析方法的优势在于能够处理较为复杂的实际问题，大大拓宽了力学分析的应用范围。不过，它也并非十全十美。一方面，由于涉及大量的计算过程，仿真模型的构建和仿真分析往往需要耗费较长的时间；另一方面，尽管仿真结果能够为我们提供重要参考，但由于模型的简化和计算方法的局限性，其计算精度仍需要通过试验验证，以确保结果的可靠性。

（3）**试验分析：触摸真实世界的物理数据。**试验分析是最直接、最贴近现实的力学分析方法。它借助各种专业的试验设备，对实际问题进行实地测试，从而获取第一手的试验数据。以研究飞机机翼的空气动力学性能为例，工程师会在风洞中放置真实比例或缩小比例的机翼模型，通过模拟不同的飞行速度和气流条件，测量机翼表面的压力分布、升力和阻力等参数。这些真实的数据能够为飞机的设计和改进提供最直接的依据。然而，试验分析也存在着明显的缺点。首先，进行试验往往需要投入大量的资金，用于购买和维护昂贵的试验设备；其次，其对试验场地和设备的要求较高，这在一定程度上限制了试验的开展，并且试验过程可能受到各种环境因素的影响，导致数据的准确性存在一定的波动。

综上所述，理论分析、仿真分析和试验分析在力学研究中都扮演着不可或缺的角色。它们相互补充、相互验证，共同推动着我们对力学世界的认知不断深入。在实际应用中，我们需要根据具体问题的特点和需求，合理选择和综合运用这三种分析方法，以获取最准确、最全面的力学分析结果。

2

空中腾戏，健儿驭气贯长虹

📅 体育背景

在冬奥会精彩纷呈的众多项目里，自由式滑雪女子大跳台（以下简称自由滑雪大跳台）与自由式滑雪女子 U 型场地技艺（以下简称 U 型池）项目，无疑是璀璨夺目的焦点。每当比赛开启，运动员们如同脱缰的野马，从高高的起点风驰电掣般俯冲而下。紧接着，她们在半空中瞬间化身技艺高超的舞者，一连串高难度动作令人应接不暇，仿佛在空中书写着独属于她们的精彩篇章。最后，她们又似轻盈的飞鸟，优雅地划过天际，稳稳落地，整套动作一气呵成，极具视觉冲击力。

相信每一位目睹这一幕的观众，内心都会被深深震撼，不由自主地对这些项目充满向往，迫不及待地想要探寻：在这短暂如流星般的飞行过程中，运动员究竟是如何展现出如此令人叹为观止的高超技艺的呢？

时间回溯到 2022 年北京冬奥会，在这场举世瞩目的冰雪盛会中，谷爱凌宛如一颗闪耀的新星，绽放出令人瞩目的光芒。她凭借卓越的实力与非凡的勇气，在自由滑雪大跳台和 U 型池这两个项目上，一路过关斩将，为中国队成功摘得两枚金牌。赛场上的她，每一次起跳、每一个动作，都创造出一个又一个高光时刻，毫无悬念地成为众人目光的焦点。

💬 提出问题

谷爱凌在自由滑雪大跳台和 U 型池两个项目中斩获金牌，取得这般优异成绩，背后是众多因素共同作用的结果。如何巧妙地驾驭风，让自己在空中飞得更远，是个极具探索价值的问题。

空中技巧

运动员从高处飞速冲下的瞬间，风就成了影响比赛表现的关键要素。风可不像固定的物体，它的大小和方向时刻都在改变。这种变化捉摸不定，实实在在地影响着运动员的飞行姿态和最终跳跃的距离。从力学的专业角度深入分析，风对运动员的作用力是多方面的。当风向与运动员飞行方向一致时，能提供一定的助力；反之，则会形成阻力。风力大小不同，对运动员的加速或减速效果也会有很大差别。

大家不妨开动聪明的大脑，思考一下：如果把自由滑雪大跳台和U型池的比赛看作一场与风的较量，运动员怎样精准地利用风的作用力，巧妙调整起跳角度，让起跳瞬间获得最佳的初始动力？如何把控速度，在顺风和逆风时采取不同策略？又该如何在空中灵活调整姿态，顺应风的变化，才能在比赛中取得优异的成绩，像谷爱凌一样在赛场上绽放光彩呢？

基础知识

自由滑雪大跳台：起跳速度是制胜关键

在 2022 年北京冬奥会的赛场上，自由滑雪大跳台作为新增项目，吸引了无数目光。它的起源与滑板运动息息相关，给冰雪运动带来了全新的活力与挑战。

自由滑雪大跳台的场地构造独特，运动员需要从高达 48m 的斜坡顶端出发，借助助滑区的加速，飞速下滑至起跳台。起跳台高 2m、宽 5m，拥有 25°的起跳角度，运动员在这里完成惊险的凌空一跃，随后在着陆坡缓冲着落，最终滑向终点区。在这个项目中，跳得越高、越远以及跳起来后所展示的动作难度越大，得分就越高。

基于这样的评价标准，**起跳速度成为制胜的关键因素**。从力学原理来讲，速度越快，运动员获得的动能就越大，自然就能跳得更高、更远，在空中的滞留时间（滞空时间）也会相应延长。而更长的滞空时间，意味着运动员有更充裕的时间来完成一系列高难度动作，向观众和裁判展示自己的高超技艺。

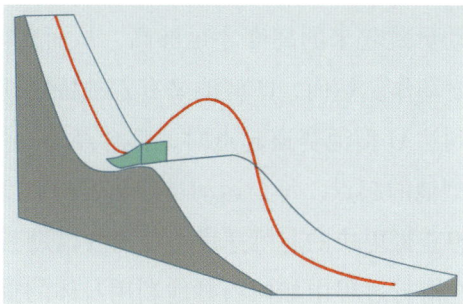

自由滑雪大跳台

U 型池：个人力量与技巧更占优

与自由滑雪大跳台不同，U 型池有着别样的精彩与挑战。U 型池呈开放式长管状，其底部设计得较为平坦，这一构造十分巧妙，方便运动员在冲下来后迅速获得平衡，为下一个动作做好充分准备。场地两侧是凹面斜坡，运动员从一侧进入赛道，依靠重力势能在赛道中来回起伏、跳跃下滑。在两侧斜坡处，运动员会腾空而起，在空中展示令人惊叹的高难度动作。完成一套动作，往往需要五六个起跳动作紧密衔接、一气呵成，任何一个细微的失误都可能导致摔倒、功亏一篑，这也使得 U 型池项目比大跳台的一跳定成绩要困难许多。

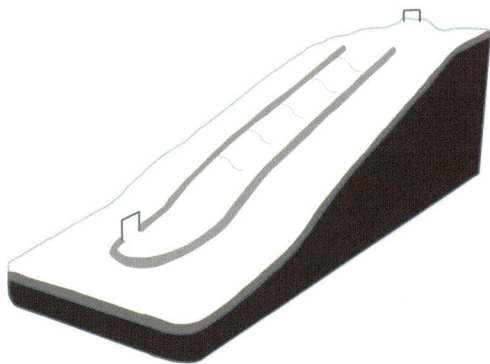

U 型池

　　与其他许多运动项目一样，**U 型场地对速度的要求极高**。因为只有具备足够大的速度，运动员跳起来的高度才足够高，从而获得更多的滞空时间，以便完成更多高难度动作。然而，U 型池又有着独特之处。从比赛画面中可以观察到，运动员到达 U 型池赛道起点时，都会经过一个下凹的出发路段。这就意味着，在 U 型池的起点，每个运动员的出发初速度大致相同。在这种情况下，运动员若想获得更快的起跳速度，就需要借助其他力量以及个人独特的技巧。例如，在滑行过程中如何巧妙地利用身体的重心转移，如何精准地控制发力时机，这些都成为运动员在 U 型池项目中取得优异成绩的关键。

力学解释

制胜秘籍：更快的起跳速度

　　在自由滑雪大跳台项目中，速度是影响最终成绩的关键因素之一。有人说大跳台的最快速度能达到 110km/h，但其实这一数据并不准确。这个 110km/h 的速度是按照 50m 高度换算得来的理论值。在实际情况中，大跳台项目的起跳点高度约 20m，滑行过程长度约 92m，滑雪板与冰雪之间的动摩擦系数约为 0.04。通过科学的计算，我们可以得出，运动员在起跳点自然起跳时的速度约为 64.4km/h。

$$mgh = \frac{1}{2}\,mv^2 + \mu mgs$$

质量　速度　重力加速度　滑行路程

高度　摩擦系数

理想状态下，质量不影响速度

进一步深入分析，会发现一个有趣的现象：理想状态下，**运动员的体重并不会对起跳速度产生影响**。也就是说，无论运动员体重是多少，在自然起跳的情况下，速度都在 64.4km/h 左右。当然，这里的计算是在没有考虑空气阻力的理想条件下进行的。由于空气阻力消耗的能量较少，在初步计算时可以忽略不计。

在 U 型池项目中，速度与大跳台项目有着相似的特性。在理想条件下，运动员自身的质量同样不会影响速度。那么，运动员若想在 U 型池中获得更高的跳跃高度，**就必须依靠自身双腿的力量**。在 U 型池的边缘，运动员需要双腿同时发力，通过这种方式来获得更快的起跳速度。起跳速度越快，跳跃高度也就越高，在空中的滞空时间自然就会更长。而更长的滞空时间，为运动员完成更多高难度动作提供了可能。在 U 型池项目中，这些奥运选手们的平均起跳高度都在 3m 以上。谷爱凌自称"青蛙公主"，或许正是因为她在比赛中凭借出色的腿部力量，能够跳出很高的高度，就像青蛙一样擅长跳跃。

个人技巧

谷爱凌大跳台夺金一跳：1620° 偏轴转体的难度密码

在 2022 年北京冬奥会自由滑雪大跳台项目中，谷爱凌凭借最后一跳实现向左偏轴转体 1620° 加安全抓板动作，打破女子 1440° 的纪录，成功夺金。1620° 转体意味着有效转体 4 圈半。这一精彩绝伦的动作，其难度究竟体现在何处呢？毕竟每个运动员自然起跳速度大致相近，那又该如何在有限时间内争取完成更多动作呢？

想要完成这一高难度动作，大致可分为两个关键阶段。

1）起跳阶段：腿部爆发力的精妙运用

起跳阶段，运动员的腿部爆发力起着决定性作用。这一爆发力可分解为两个方向的分量。垂直于跳台面的法向分量，能额外提升起跳速度，进而延长滞空时间。想象一下，运动员借助腿部垂直发力，如同火箭点火升空，获得更强的向上动力，使自己在空中停留更久。平行于跳台面的切向分量，则可让身体开始旋转，为缩短高难度动作的完成时间创造条件。就像拧紧的发条，为身体旋转提供初始动力。所以，**腿部爆发力越强，运动员就能争取到更多滞空时间，并且能更快地完成高难度动作**。这无疑是运动员身体素质的直接较量。

然而，除身体素质外，**身体控制能力的考验才是真正的难点所在**。谷爱凌完成的 1620° 转体是偏轴转体，并非常见的前空翻或后空翻，而是身体倾斜转身。这就要求必须存在爆发力的切向分量。但这个切向分量极难掌控，因为滑雪板与冰雪面的摩擦系数很小。若切向分量的力过大，超过了摩擦力，运动员就会像在冰面上滑倒一样，直接失控摔倒。

2）滞空阶段：与风的巧妙博弈

起跳完成后，便进入滞空阶段。在滑行阶段，主要考虑的是摩擦阻力，空气阻力因较小被忽略。但在滞空阶段，**空气阻力就成了不可忽视的关键因素**。此时，运动员需要驾驭风的力量，尽可能降低空气阻力，甚至尝试借助空气滑翔更远距离（尽管在这个项目中滑翔效果相对有限），这其中的核心难点依然是身体控制能力。运动员要依据空气阻力的表达式，通过灵活改变自身姿态，来降低阻力系数和迎风面积，从而减小阻力，获取更长滞空时间。就像一只灵活的飞鸟，在空中巧妙调整身姿，顺应气流，延长飞行时间。

$$空气阻力 \longrightarrow F = \frac{1}{2} C S \rho v^2$$

阻力系数　空气密度

迎风面积　物体运动速度

空气阻力

综上所述，谷爱凌夺金的这一跳，其难度集中体现在对身体的精准控制上。这不仅需要天赋异禀，更离不开后期持之以恒的艰苦训练。她用实力向世界展示了自由滑雪的魅力与挑战，激励着无数人勇敢追逐梦想。

U 型池的空中挑战：身体控制与旋转技巧的博弈

在 U 型池项目中，当运动员在空中时，其受力情况相对简单，主要有重力和空气阻力，此时人体处于失重状态。在这种特殊的物理状态下，根据角动量守恒定律（动量矩守恒定律）[1]，运动员任何一个细微的动作，如弯腰、跷腿去抓板等，都会引起人体姿态的变化，而这些变化又会直接影响最终的着陆姿态。

在运动员的转身动作中，转身的快慢和方向是评分的重要依据。这里还有个小知识，逆转动作的难度系数是比较高的。为什么呢？因为在逆转时，人体靠边一侧的旋转速度方向与整体前进方向是相反的，这样就会存在一定的速度损失，而速度损失又会减小滞空时间，所以完成逆转动作就更具挑战性。

怎样才能在有限的滞空时间内转更大的度数呢？这需要做到以下两点。

（1）**腿部发力**：两腿向旋转方向发力要足够大。运动员需要依靠旋转的切向力，让身体产生足够的角速度。就好像一个旋转的陀螺，只有给它足够的力量，它才能转得又快又稳，运动员也是一样，腿部力量越大，人的旋转速度才能越快。

---

[1]　角动量守恒定律，也叫动量矩守恒定律，是指当外力矩为零时，系统的动量矩（角动量）保持不变。

腿部发力

（2）**身体配合：**要配合双臂和身体向同方向甩动，依靠惯性加速旋转。想象一下，你手里拿着一个重物，快速转动身体的同时把重物甩出去，重物会因为你的甩动而飞得更远更快，运动员在做转体动作时也是这个道理，通过双臂和身体的同方向甩动，利用惯性帮助自己转得更快，在有限的滞空时间内完成更多的转体度数。

不过，说起来容易做起来难，这些动作对人体自身的控制能力要求非常高。即便是那些参加过很多大赛、经验丰富的奥运选手，在比赛中也难免会出现失误。所以，想要在自由滑雪大跳台项目中取得好成绩，运动员必须经过大量的训练，不断提高自己对身体的控制能力。

3

旋移疾转，花滑绷躯扛巨力

📅 体育背景

花样滑冰堪称冬奥会项目中极具独特魅力的存在，它将滑冰技巧与艺术美感完美融合。赛场上，运动员们身着华丽的服装，在冰面上翩翩起舞。他们时而如优雅的天鹅，轻盈地滑行，留下一道道优美的弧线；时而又似高速旋转的陀螺，以令人惊叹的速度旋转，展现出高超的技艺和力量之美。在北京冬奥会的众多花样滑冰运动员中，日本选手羽生结弦备受瞩目。他在冬奥赛场上曾尝试挑战一个高难度动作——4A（阿克塞尔四周半跳），这个动作要求运动员腾空而起，在空中完成四周半的旋转，其旋转速度极快，可达 6 圈每秒（6r/s），成为众多花滑爱好者热议的焦点。

💬 提出问题

当我们看到运动员在冰面上以 6 圈每秒（6r/s）的速度旋转时，不禁会思考，如此高速的旋转，旋转加速度会给人体带来怎样的影响呢？我们知道，小汽车正常行驶时发动机转速约为 2500 转每分（2500r/min），换算下来为 42 圈每秒（42r/s），是花滑运动员旋转速度的 7 倍左右。虽然人体与机器有着本质区别，但这转速对于人体来说也已经相当快了，毕竟普通人大概只能达到 1~2 圈每秒。

阿克塞尔四周半跳效果图

大家可以想一想，高速旋转时产生的很大离心力，会怎样作用于运动员的身体？它对运动员的平衡感、视觉感知以及身体的肌肉骨骼系统又会产生哪些挑战呢？运动员又是如何通过训练，让身体适应这样的旋转速度，从而在冰面上展现出精彩绝伦的表演呢？

基础知识

花样滑冰旋转中的力学剖析

在花样滑冰的精彩表演里，运动员的高速旋转总是令人惊叹。就以上文提到的 6 圈每秒的旋转速度来说，换算为平均**角速度**[①]，就是 37.68rad/s，这意味着在短短一秒内，运动员就转了 2160°。当运动员旋转时，我们可以把人体竖直方向上的中心线看作转轴，在不考虑其他运动方式的情况下，旋转的人体就相当于一个定轴转动的模型。在定轴转动的物体中，有一个有趣的现象：任何一点的角速度都是相同的，然而加速度各有不同。

人体是一个不规则的对称形状，依据加速度计算公式，当运动员快速旋转时，距离转轴越远的地方，加速度越大。以运动员的肩膀为例，它距离转轴大约 26cm，在旋转过程中，这里的向心加速度最大，能够达到 369 m/s²，

---

① 角速度，单位时间转过的角度。

也就是约 **37 个 G**。要知道，航天员训练的加速度也才 10 个 G 左右。如此巨大的加速度，对于运动员的身体来说，是一个极大的考验。

看到这里，你可能会产生新的疑问。按照距离转轴越远，物体转动的加速度越大的原理，手臂展开的时候，手指应该是距离转轴最远的位置，那为什么不按照展开手臂来计算呢？其实，这背后隐藏着另一个重要的力学知识。当花滑运动员快速旋转时，我们会发现他们必定是双手紧贴胸前，绝不可能展开双臂还能保持快速旋转。

伸展手臂以减速

这一现象是由**角动量守恒**所决定的。当运动员在冰面上旋转时，没有其他外力矩的作用，此时满足角动量守恒定律。根据角动量的表达式，角速度的快慢取决于一个称为**转动惯量**的物理量，用 J 来表示。转动惯量类似于质量，是用于衡量物体旋转惯性的。从转动惯量 J 的定义看，当运动员双手展开时，一部分质量分布到更偏远的位置，这就会导致 J 值增大。根据角动量守恒定律，为了保持角动量不变，角速度就会相应降低。所以，为了在冰面上展现出高速旋转的精彩瞬间，花滑运动员们必须巧妙地运用力学原理，让双手紧贴身体（胸前），减小转动惯量，从而维持快速的旋转。

力学解释

探索加速度对人体的影响：从日常体验到极限挑战

在花样滑冰中，运动员肩膀部位旋转时能产生约 37G 的向心加速度，这是一个相当惊人的数值。那么，该如何理解这个 37G 的加速度呢？让我们先从日常生活中的加速度体验说起。

我们平日里所处的环境，受到向下的重力加速度 G 作用。当我们来到月球，那里的重力加速度仅为 G/6，如此微小的重力，使得普通人都能轻松打破地球上的跳高纪录，因为在月球上，对抗重力所需的力量大幅减小。在生活中，有人热衷于赛车，开车时喜欢那种被座椅往后推的"推背感"，这种感觉大约相当于 1 个 G 的加速度。要是想体验 2G~3G 的加速度，可以尝试坐过山车。当过山车高速俯冲、急速转弯时，那种强烈的失重感和身体被拉扯的感觉，就是 2G~3G 加速度带来的刺激体验。

过山车

然而，当加速度继续增大，达到 5G 时，人体就会启动自我保护反应，许多人会失去知觉，直接晕过去。当然，不同人的身体对加速度的承受能力存在差异，有些人坐过山车时也会因无法承受那 2G~3G 的加速度晕过去。可见，坐过山车不能仅凭勇气，身体和心理因素不可忽视，不要随意尝试。而飞行员，尤其是航天员，他们经过特殊的高强度训练后，能够承受更大的加速度，大概可以达到 9G~10G。

在人类探索加速度极限的历程中，有一个非常著名的实验。1954 年，美国空军上校约翰·斯塔普进行了一次勇敢的尝试，他坐上了特制的火箭（火箭雪橇），在短短 5s 内速度就接近声速，随后又在 1.4s 内完全静止。在这个过程中，他承受了高达 46.2G 的加速度，这是一个极其恐怖的数值。他全身受伤，但最终奇迹般地活了下来。这次极限挑战，让他登上了美国《时代周刊》的封面，也让人们对人体承受加速度的极限有了更深刻的认识。

从力学原理上讲，人体在承受加速度时，会产生一个虚拟的惯性力，这个惯性力与质量和加速度成正比。也就是说，加速度越大，惯性力就越大。而对于人体组织而言，如此强大的**惯性力会导致组织之间相互挤压**。人体的一些薄弱组织，如内脏，它们的承受能力较弱，在这种强大惯性力的作用下，很可能会被压碎。所以，加速度越大，对人体造成的伤害也就越大。

现在大家了解了不同加速度对人体的影响，不妨思考一下，花样滑冰运动员是如何在承受 37G 向心加速度的情况下，还能保持清醒并完成精彩表演的呢？

花滑运动员的"超能力"

花滑运动员在高速旋转时，肩膀部位产生 37G 的加速度，这一数值远超普通人承受极限，甚至接近历史最高纪录，但运动员却未出现人体组织损伤，也不会眩晕。

这一现象与**人体不同部位的承受能力差异有关**。肩膀作为最大加速度所在部位，主要由骨头和肌肉构成，承受能力较强，并且该部位质量有限，即便加速度很大，产生的惯性力也不足以使其脱臼。而越靠近人体转轴位置，加速度越小。人体的薄弱环节如内脏等位于体内靠近转轴处，此处加速度偏小，对应位置质量也小，产生的惯性力不足以压碎内脏，所以花滑运动员能承受这样的高速旋转。

4

钢架雪车，伏脊凝眸控身姿

🗓 体育背景

在冬奥会的众多项目中，钢架雪车以其独特的惊险与刺激，成为赛场上一道别样的风景线。运动员们趴在仅有几十厘米高的雪车上，风驰电掣般地沿着蜿蜒的赛道飞速下滑，速度之快，让人目不暇接，心跳也随之加速。每一次的转弯、每一次的加速，都考验着运动员的勇气、技巧和对速度的极致追求。

在 2022 年的北京冬奥会的赛场上，我国选手闫文港凭借出色的发挥，以 4 分 01 秒 77 的成绩斩获铜牌。这枚奖牌意义非凡，它是我国在钢架雪车项目上获得的首枚冬奥会奖牌，标志着我国在该项目上实现了重大突破。与此同时，另一位我国选手殷正也有着亮眼的表现，他以 4 分 02 秒 13 的成绩位列第 5 名，并且在出发环节创造了惊人的纪录——仅用 4 秒 58 就完成出发，成为这条赛道上出发速度最快的选手。

趴在雪车上的运动员如何操控钢架雪车

💬 提出问题

我国钢架雪车队在这届冬奥会上取得的突破性成绩，吸引了无数人的目光。从比赛画面中，我们可以看到一个有趣的现象：钢架雪车出发后，运动员就迅速趴平在雪车上，此后仿佛完全依靠地球引力加速前进。这时候大家是不是很好奇，趴平的运动员要如何操作，才能让雪车的速度更快呢？

🔲 基础知识

钢架雪车：速度决胜的冰上"狂飙"

在冬奥会的众多项目中，钢架雪车或许是一个我们相对陌生却又充满激情与挑战的项目。它没有花样滑冰的优雅舞姿，也没有短道速滑的激烈碰撞，但凭借着独特的速度与惊险，吸引着无数观众的目光。

比赛开始，运动员需要在出发点的短短 50m 内，让雪车尽可能地加速。这 50m 的冲刺，如同猎豹在捕猎前的蓄势待发，每一秒、每一步都至关重要。加速完成后，运动员迅速直接趴在雪车上，沿着固定的滑道一路飞驰。整个赛道九转十八弯，稍有不慎，雪车就可能冲出赛道，这不仅考验着运动员的勇气，更考验着他们对速度和平衡的精准掌控。

（1）**重力驱动的速度之旅，钢架雪车的加速主要依靠重力势能**。以北京冬奥会的比赛场地"雪游龙"（国家雪车雪橇中心）为例，其高低落差达 121m，比赛赛道全长 1975m。雪车与冰面的动摩擦系数约为 0.035，根据力学原理计算，理论上重力驱动滑行到终点的速度可达 128km/h。而据报道，我国选手闫文港在比赛中的最高时速接近 130km/h，这表明他在整个比赛过程中，几乎没有增加额外的阻力，充分利用了重力和赛道条件，极大地发挥了雪车的速度。

（2）**速度即王道，初速度定乾坤**。钢架雪车追求的是极致的速度，但它与其他运动项目有着很大的不同。雪车上并没有动力装置，除刚开始那关键的 50m 加速阶段外，后续的滑行过程中没有任何可以人为主动加速的可能。

这与水中划船截然不同，在划船时，我们可以依靠手脚向后划水来提供动力，推动船只前行。然而在钢架雪车上，即便运动员做出手脚"划船"的动作，其速度也远远跟不上雪车的滑行速度，反而只会增加额外的阻力，影响雪车的前进。

钢架雪车

所以说，钢架雪车运动在很大程度上是一个一开始就决定结果的运动。最初的那 50m 加速阶段，是运动员为胜利奠定基础的关键时刻。初速度越大，雪车在后续滑行中保持高速的可能性就越大，也就越有机会在比赛中脱颖而出，赢得奖牌。每一位钢架雪车运动员都深知这一点，他们在训练中不断打磨自己的起跑技术和加速能力，只为在赛场上的那 50m 创造出最佳的初速度，向着胜利全力冲刺。

🧑 力学解释

钢架雪车：看似"躺"平，实则全神贯注

在钢架雪车项目中，出发时的加速阶段对最终成绩起着决定性作用，但这并不意味着运动员在后续过程中就能高枕无忧，直接趴在雪车上休息。事实上，趴平的运动员时刻面临着巨大的挑战，精神高度集中。

从力学原理来讲，存在一种**最速降线**，它的路程相较于直线距离更长，然而物体沿其下滑所花费的时间是最短的。可惜的是，钢架雪车在"雪游龙"的下降过程并非最速降线，并且每位运动员的赛道都是相同的。在这样的情况下，运动员若想获取更快的速度，应当尽量减少对钢架雪车不必要的人为

干预，因为理论上，**不加干预的自然运行轨迹就是最佳路径**。但实际情况是，赛道并非全封闭状态，如果完全不加以干预，雪车在拐弯时极有可能冲出赛道，这便是运动员发挥关键作用的地方。

运动员主要通过**脚、身体以及头的姿态控制**来影响雪车的前进轨迹。首先是脚，在特定情况下，运动员的脚能够触地。当雪车拐弯速度过快，面临失控风险时，运动员可以用脚与地面接触，增加摩擦力，以此来稳定雪车。不过，这是一种迫不得已才采用的方法，因为过多地用脚干预会减缓雪车的速度。

身体的侧压也是重要的操控手段。雪车底部设有两个冰刀，在正常前进时，运动员的身体压在雪车正中间，此时两个冰刀所受到的摩擦力相同。但如果运动员想要让雪车向右偏行，只需要将身体向右侧压，这样就能增加右侧冰刀的摩擦力，使得雪车左边滑行速度快，右边速度慢，从而实现向右偏行的目的。

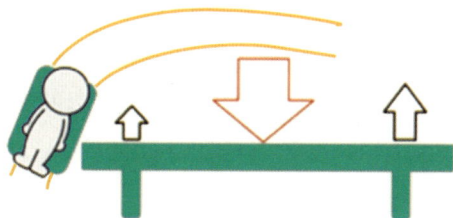

受力图

头部的左右旋转同样能够干预雪车的前进轨迹。当运动员头部向右旋转时，根据**动量矩守恒定律**，脚部就会向左旋转，进而实现雪车右转的效果。值得一提的是，如果头盔的质量更大一些，运动员甚至能够做出甩尾动作，为雪车在高速状态下顺利拐弯创造可能。由于雪车的速度极快，运动员任何一个细微的控制变化，都足以对雪车的前进轨迹产生影响。这就要

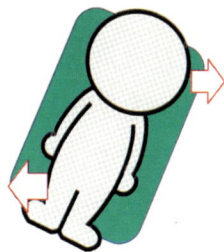

动量矩守恒

求运动员必须具备出色的控制力和精准的判断力，在瞬间做出正确的决策。

📖 扩展阅读

攻克"拉撬减速"难题：钢架雪车背后的夺金黑科技

在钢架雪车项目里，有一个环节至关重要，那就是出发阶段的 50m 加速，它几乎直接决定了比赛的胜负走向。我国选手殷正能够创造赛道出发纪录，其背后是一系列精妙的力学"黑科技"在发挥作用。

在出发阶段，一个容易出现的问题便是**"拉撬减速"**，这会严重影响雪车的初始速度。北京理工大学科研团队利用高速相机和传感器，对运动员和雪车的运动状态进行细致入微的分析。高速相机能够以极快的拍摄速度，捕捉到运动员起跑瞬间的每一个细微动作以及雪车的初始运动姿态；传感器则可以精确测量运动员发力的大小、方向以及雪车的加速度等关键数据。通过对这些数据的深度挖掘和分析，科研团队能够精准找出"拉撬减速"的原因，进而为运动员的日常训练提供极具针对性的数据支持。运动员根据这些数据，调整起跑姿势、发力方式和节奏，有效避免"拉撬减速"的出现，在出发阶段就能获得更快的初速度。

除出发阶段外，在滑行阶段，科研团队所获取的数据同样发挥着关键作用。通过对雪车运动数据的分析，科研人员可以深入了解雪车在不同赛道位置的运动情况，进而分析雪车轨道的特点。这些分析结果会转化为实用的信息，为运动员控制雪车提供可靠依据。运动员借助这些依据，在滑行过程中能够更好地把握雪车的运行状态，提前预判弯道和坡度变化，及时调整雪车姿态，找到最优的前进路线。例如，在弯道处，运动员可以根据数据提供的最佳过弯角度和速度建议，精准控制雪车，既保证不冲出赛道，又能最大程度减少速度损失。

所以说，对于看似运动员"躺"平在雪车上的钢架雪车项目，这次我国能实现从无到有的突破，成功拿下铜牌，背后是科研团队对数据的深度挖掘与分析，是运动员在赛场上对雪车的精准控制，更是运动员在平时无数个日夜的刻苦训练。这三者缺一不可，共同铸就了我国钢架雪车在冬奥赛场上的辉煌时刻，也让我们看到了科技与体育深度融合所产生的巨大作用。

5

冰刃利器，速滑摩擦大克星

🗓 体育背景

在冬奥会的众多赛事中，速度滑冰宛如一场与风竞速的奇幻冒险，它总能轻而易举地抓住观众的心。赛场上，运动员们身着紧身速滑服，脚蹬冰刀，在冰面上疾驰而过，每一次摆臂、每一次蹬冰，都仿佛是在与时间赛跑。那风驰电掣的速度、勇往直前的姿态，无不展现着人类对速度极限的不懈追求。

在北京冬奥会的赛场上，高亭宇在冰面上风驰电掣般地滑行，最终以34秒32的惊人成绩打破奥运会纪录，勇夺金牌。这枚金牌意义非凡，它是中国队在本届冬奥会上收获的第4枚金牌，瞬间点燃了国人的热情。

在速度滑冰这种对速度极致追求的比赛中，冰刀的重要性不言而喻。别小看这看似朴实无华的冰刀，它的背后凝聚着无数科研工作者的心血。他们在研发过程中，攻克一个又一个的力学难题，而对摩擦力的研究便是其中极为关键的方向。

速度滑冰

⍰ 提出问题

或许不少人会觉得冰刀平平无奇，没什么技术含量，心想随便一家机械厂都能生产。没错，从生产角度来说，任何一家机械厂确实都具备制作冰刀的能力。然而，这里面却藏着一个秘密：普通机械厂生产出来的冰刀，在滑行速度上，远远比不上专业冰刀。这究竟是怎么回事呢？其实，竞技体育的魅力与深度，远不止于运动员在赛场上体力的角逐，更在于背后科技实力与科研力量的激烈比拼。接下来，让我们一起揭开专业冰刀背后那些不为人知的科学奥秘吧。

▦ 基础知识

速度滑冰：降低冰刀摩擦阻力的科学探索

在速度滑冰的冰场上，运动员们为了追求极致速度，必须与各种阻力展开较量。速度滑冰想要获得更快的速度，就得尽量降低各种各样的阻力，其中**空气阻力和摩擦阻力**是两大关键因素。在空气阻力方面，借助风洞实验，能帮助运动员找到阻力最小的姿态动作。而摩擦阻力的来源就在冰刀上，据了解，摩擦阻力占了总阻力的 20%~25%。那么，科研人员究竟通过什么方法来降低冰刃的摩擦阻力呢？深入探讨摩擦力要从其来源说起。

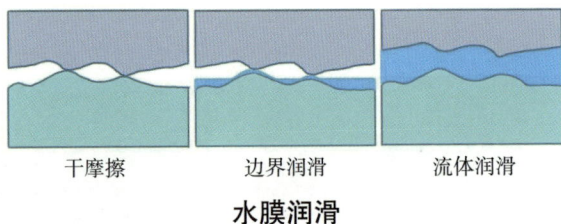

干摩擦　　　　边界润滑　　　　流体润滑
水膜润滑

冰刀与冰面接触，并非干接触，两者之间存在着融化的水。若是干摩擦，摩擦力主要来自粗糙的接触面，摩擦系数约为 0.3。但因为水的存在起润滑作用，摩擦系数大大降低。然而，**水膜到底是怎么产生的**？目前科研人员对此尚不太清楚，存在一定争议，先后出现了三种理论。

（1）**压力融化**理论是最早提出的，在 1886 年就已问世。该理论认为冰刃上产生的高压会使冰的熔点降低，使被压迫的冰融化。但后来这个理论逐渐被摒弃，因为科研人员经计算发现，高压融化所需的环境温度较高，必须不低于 –0.00012℃，而通常比赛的环境温度都在 –4℃左右。在如此低的环境温度下，人体在冰刃上产生的高压不足以融化冰面。

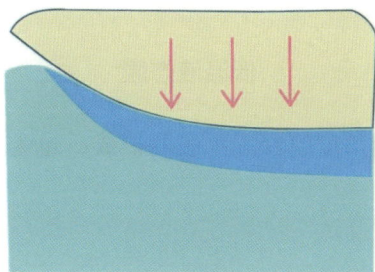

压力融化

（2）**摩擦生热**理论很好理解，冰刀与冰面摩擦会产生热量，这些热量就有可能融化冰面。研究发现，滑行速度越快，产生的热量越多，升温越明显，这十分符合我们的常识。此外，计算表明，如果摩擦生热的热量全部用于融化冰面，那么会产生 14~21μm 厚的水膜，这些水足够起到润滑作用。

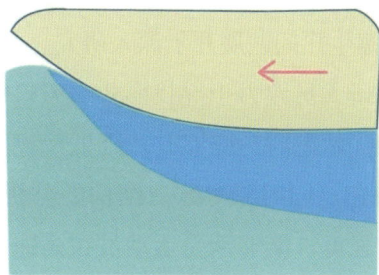

摩擦生热

（3）**低温液态膜**理论认为，冰面本身就存在水膜，这是冰表面分子的受力状态不同，导致冰层不稳定而产生的，即便在熔点之下，表层冰面依然会有水膜。

低温液态膜

　　这三种理论从不同角度解释了水膜的形成，也为进一步降低冰刀摩擦阻力的研究提供了方向。

🧑 力学解释

冰刀的力学奥秘与广泛应用

　　在深入了解了冰面摩擦力产生的理论基础后，我们便能更准确地计算冰刀在滑行时所受到的摩擦阻力。速度滑冰时，运动员的滑行速度极快，即便冰面在初始状态下已有一层水膜，但在滑行过程中，摩擦生热会使冰面融化出更多的水。而水量的多少，对摩擦力的大小有着显著影响。基于此，科研人员专门针对冰刀的摩擦生热问题展开了深入研究。

　　通过这些研究，科研人员致力于寻找形状与刃口最佳的冰刀设计。当冰刀的形状和刃口达到最优状态时，能够有效降低摩擦阻力，让运动员在冰面上滑行得更加顺畅、快速。同时，对冰刀结构的分析也至关重要。一方面，要确保冰刀具备足够的强度，能够承受运动员在高速滑行和激烈蹬冰动作时施加的力量，避免刀刃损坏，从而延长冰刀的使用寿命；另一方面，冰刀还需要足够"硬"，这样在运动员蹬腿发力时，力量能够更快速、更有效地传递，使运动员能够更有力地推动自己前进。

冰刀弧线

或许有人会心生疑惑，在他们的认知里，速滑冰刀看起来不就是一条简单的直线吗，还能有什么结构上的改变呢？实际上，短道速滑冰刀的弧度较为明显，而速滑的长冰刀也并非一条笔直的线，它是由多段弧线拼接而成的。这些弧线的具体形状、尺寸都是经过精心优化设计的关键要点。每一处弧线的细微调整，都可能对冰刀与冰面的接触状态、摩擦力大小以及运动员的滑行表现产生重要影响。

由此可见，冰刀的生产绝非轻而易举之事。若是缺乏背后深入的力学分析与研究，在竞争激烈的赛场上，运动员就很可能因为这看似微不足道的一点点摩擦阻力，而与奖牌失之交臂。

更为重要的是，围绕冰刀研究形成的这一整套力学理论和分析过程，其应用范围远远超出了速度滑冰领域。它还能够为我们探索星辰大海提供有力

木卫二效果图

的支持，例如，在破冰船的研制过程中，需要考虑如何减少船体与冰层之间的摩擦，以更高效地破开冰层；又如，在开发木卫二等冰表面天体着陆器时，也需要运用类似的力学原理，确保着陆器在冰面着陆时能够稳定、安全，减少摩擦带来的不利影响。这些看似不相关的领域，因为冰刀研究中的力学理论而紧密相连，共同推动着科学技术的进步与发展。

6

结实质轻，首钢滑雪大跳台

🏛 体育背景

首钢滑雪大跳台因谷爱凌的精彩表现再次成为人们关注的焦点。它坐落于北京市首钢园区北区，地理位置优越，背靠冷却塔，北望石景山，东临群明湖，西邻永定河。该大跳台由清华大学建筑设计研究院有限公司设计，首钢建设集团施工建造，于 2019 年 11 月建成，并在次月成功举办了 2019 FIS 沸雪世界杯。这是世界上第一个永久保留的滑雪大跳台，还能兼容单板滑雪大跳台与自由式滑雪空中技巧两项不同比赛，已经过国际赛事的考验。

💬 提出问题

首钢滑雪大跳台远看有着丝滑的曲线，尽显轻盈本色，然而它又必须足够结实以承载运动员的高速跳跃等动作，**轻盈与结实**这两个看似矛盾的特点在它身上完美统一。这其中必然涉及诸多力学问题，如大跳台的结构设计如何在保证轻盈外观的同时，具备足够的强度和稳定性承受运动员的冲击力以及各种外力？大家可以试着思考一下，在我们日常生活中看到的各种建筑物和设施里，还有哪些也存在着类似需要平衡不同力需求的情况呢？

轻盈与结实的矛盾

👤 力学解释

首钢滑雪大跳台：力学与美学的精妙融合

首钢滑雪大跳台采用**钢桁架结构**，其构成形式丰富多样，包含上飘带管桁架、下丝带管桁架、箱型格构柱、斜箱型格构柱、变截面 V 形箱型柱以及赛道钢桁架等。桁架结构在生活中并不少见，闻名遐迩的法国巴黎埃菲尔铁塔，由一根根细长钢构件拼接而成，便是典型的桁架结构；北京的鸟巢，其看似"杂乱"的外围结构也属于此类。桁架结构优势显著，不仅施工安装相对简便，用钢量节省，而且视觉效果轻逸。

从力学角度剖析，桁架结构受力形式相对简单。单根桁架常被视作一根杆（二力杆），其自身重力要么平均分摊至两端节点，要么直接忽略不计。如此一来，桁架杆件受力沿轴线方向，计算每根桁架内力便更为便捷。

在整个大跳台的载荷考量中，除自身重力外，赛道厚厚的积雪成为主要载荷来源。冬季降雪看似轻柔，堆积后却质量惊人，时有物件被雪压塌的新闻见诸报端。为满足比赛需求，赛道总雪量达 7920m³，约 4752t，平均厚度 50mm。这些雪载加上其他附属结构重力，经赛道钢桁架传递至 2 个格构柱与 2 个 V 形箱型柱。

普通建筑对雪载考虑较少，多简单换算成均布载荷作用于屋顶。而雪载的精细化计算尚不成熟，这成为大跳台设计的难点之一。**雪载具有流动性**，底层与钢板接触易融化，降低摩擦力，可能引发整片下滑的"雪崩"现象。

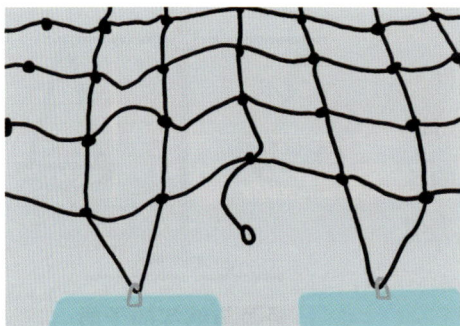

固雪装置

大跳台采用网结构固雪，但仍存在轻微位移。表层雪流动性更大，运动员高速滑下会带动其重新分布，载荷处于动态变化，计算复杂。

基于这些载荷与比赛要求，建筑工程师对大跳台展开设计。其整体形似"人"字，一撇一捺相互支撑，既具设计美感，又符合力学原

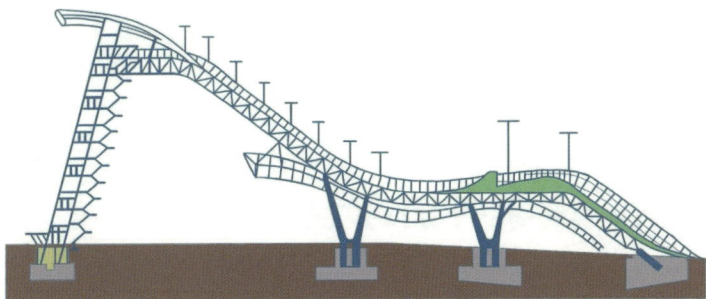

人字形

理。左边一撇承受右边一捺向左的挤压力，斜向支撑能有效降低挤压力产生的倾覆力矩，提升斜箱型格构柱底座力学性能。

　　大跳台总用钢量约 4100t，与雪载相近，充分彰显力学之美。上飘带、下丝带的桁架采用中空圆截面，大幅减轻结构自重，这是基于力学分析的科学设计，绝非偷工减料。同样，中空的 V 形箱型柱采用变截面设计，将材料力学性能发挥到极致，毫无浪费。赛道主桁架采用框形横截面，抗剪能力强，可防止侧风导致的过大位移；次桁架采用 H 型钢，专注承受雪载。通过对不同受载形式进行静力学分析、模态分析及受压稳定性分析，最终完成大跳台设计。

　　首钢滑雪大跳台的设计，如同宋玉笔下"东家之子"般恰到好处，增一分嫌多，减一分嫌少。它在满足强度、刚度、稳定性及振动特性的同时，有效降低自身结构自重。其"飞天"造型通过上飘带、下丝带弱化钢结构的生硬，使其呈现出空灵之感。

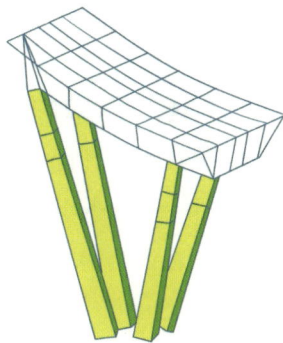

变截面 V 柱

　　大家不妨思考一下，在这样复杂的设计中，若改变某一结构的形状或材料，会对整体力学性能产生怎样的影响呢？例如，将 V 形箱型柱的变截面设计改为等截面，或者更换赛道主桁架的横截面形状，大跳台还能否像现在这样完美地承载各种载荷，并保持稳定呢？生活中还有哪些建筑物或设施，也像首钢滑雪大跳台一样，巧妙运用力学原理，实现了功能与美观的统一呢？

7

弧梁柔顶，刚柔并济冰丝带

🗓 体育背景

  2022 年北京冬奥会的速滑项目，均在充满魅力的"冰丝带"（国家速滑馆）中举行。在这片冰面上，中国队展现出卓越的竞技实力，取得不错的成绩，给观众留下深刻的印象。

  从远处眺望，"冰丝带"造型独特，内凹外凸的建筑形态，既像一个诱人的蛋挞，又似一只鲜美的鲍鱼，那薯片状的屋面轻盈地覆盖在上方。场馆四周的结构层层叠叠，如同层峦叠嶂，又宛如一个千层饼，独特的外形容易让人联想到美食，让人不禁猜测设计师或许对美食有着别样的执着追求。其实，国家速滑馆被称为"冰丝带"，是因为其外层四周层层叠叠的结构，外墙曲面从低到高盘旋形成 22 条灵动飘逸的丝带，这些丝带仿佛是运动员在冰面上风驰电掣时留下的滑行痕迹，刚硬的冰与柔美的丝带线条相结合，在冰的坚硬质感中巧妙地透露出一丝柔性之美。这种极具力学与美学融合的设计，也让"冰丝带"在钢结构行业斩获多个奖项。

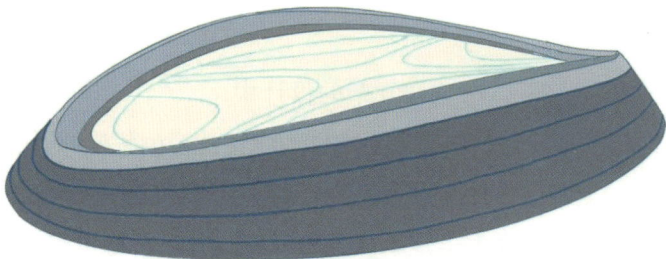

"冰丝带"结构整体示意图

💬 提出问题

　　看到如此独特的"冰丝带"，大家有没有想过它的设计背后隐藏着怎样的力学秘密呢？那 22 条飘逸的丝带造型，不仅是为了美观，在力学上肯定有着独特的作用。还有那薯片状的屋面，看似轻薄，却要稳稳地覆盖在庞大的场馆上方，这其中又运用了怎样的力学原理确保它的稳固呢？当我们在欣赏"冰丝带"美丽外观的同时，不妨开动脑筋，思考一下这些有趣的力学问题，探索建筑设计与力学之间奇妙的联系。

👨 力学解释

张拉柔索结构："冰丝带"的柔性屋面

　　"冰丝带"作为一座钢结构建筑，有着区别于传统钢结构建筑的独特之处。像首钢滑雪大跳台这类传统钢结构建筑，单根钢材多呈现细长的"杆"状，这种结构能在拉伸、压缩、弯曲、扭转等多种工况下发挥作用，适用性极为广泛。而"冰丝带"的钢结构，除了细长"杆"组成的桁架结构，还引入了缆索这样特殊的柔索结构。**柔索结构**只能承受拉力，在张紧状态下可承受侧向力，但绝不能承受压缩、弯曲和扭转。

　　"冰丝带"屋面主体是由纵横交错的缆索编织成的大网，东西向布置着 98 根承重索，南北向则有 60 根稳定索，它们通过特制夹具汇聚在一起。速滑馆与其他体育馆不同，为保障冰面制冷效果，场馆必须完全封闭，屋

"冰丝带"屋面

顶结构至关重要。然而，标准体育场有着 400m 跑道及看台，其跨度达到 198m × 124m。面对如此大的跨度，若采用刚性的桁架结构，梁的高度会达到 8~10m，差不多有 3~4 层楼高，再加上场内空间高度，整个场馆的造型就会发生巨大改变。

神奇的高钒密闭索：力与美的融合

"冰丝带"屋面的秘密武器，是直径仅 70mm 的高钒密闭索。别小瞧这看似普通的缆索，它的强度高达 1570MPa，换算一下，每平方毫米的面积就能承受相当于两个成年人的体重还有余量，这种强大的承载能力，就如同漫威宇宙中蜘蛛侠射出的蛛丝，在关键时刻能发挥出超乎想象的力量。还记得蜘蛛侠用蛛丝死死拉住一分为二的船体，拯救众人的惊险场面吗？"冰丝带"的缆索就有着这样的"超能力"，稳稳地撑起了整个屋面结构。

更值得骄傲的是，这种高性能的缆索是我国科研团队自主研发的成果，打破了国外长期以来的技术垄断。这不仅是科技实力的体现，也让我们看到了冬奥会背后强大的科技驱动力。体育与科技的结合，正不断推动着人类向更高、更快、更强的目标迈进。

这些缆索相互交织，形成了一张巨大而坚韧的钢网，如同羽毛球拍的弦一样，将原本需要 8~10m 高的刚性桁架屋顶结构，成功压缩至 0.5m 以内。这一创新设计不仅极大地节省了建筑空间，还让钢材用量减少至传统钢结构的 1/4，真正实现了高效、环保与美观的完美统一。

变"缺点"为艺术：马鞍形屋面的诞生

柔性屋面虽然解决了大跨度建筑的高度难题，也带来了新的挑战——**变形量大**。整个屋面结构使用了 537t 的缆索，再加上照明、密封、排水、风管等附属设施的质量，使得屋面无法保持像羽毛球拍那样的平整，而是自然地下凹。

设计师并没有被这个问题难倒，他们巧妙地利用这一特性，将"缺点"转化为独特的设计亮点。经过精心计算和设计，一个优美的马鞍形屋面应运而生。这种独特的形状不仅符合力学原理，能够有效分散屋面的载荷，还赋予"冰丝带"一种独特的动态美感，仿佛是运动员在冰面上飞驰时留下的灵动轨迹。

　　从远处望去，"冰丝带"的马鞍形屋面与 22 条飘逸的"冰丝带"外墙完美融合，刚柔并济，宛如一件精美的艺术品。它不仅是一座体育场馆，更是科技创新与建筑艺术的结晶，向世界展示了我国在建筑领域的卓越成就和无限创造力。

马鞍面效果图

"冰丝带"的"智慧关节"：环形桁架

　　在"冰丝带"那独特的屋面大网四周，有一个关键结构——环形桁架，它就像羽毛球拍的坚固骨架一样，发挥着至关重要的作用。这环形桁架承受着屋面传来的所有力，然后将这些力稳稳地传递给钢筋混凝土底座。大家可能会下意识地认为，这个环形桁架是牢牢固定在底座上的，实则不然。当我们观察场馆的剖面图时会发现，环形钢架与底座实际上仅通过一个铰链连接，这意味着它能够绕着这个铰链点进行旋转。

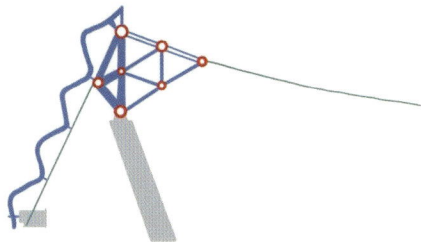

剖面图

　　为什么要采用这样看似"不稳定"的连接方式呢？这其实是由柔性屋面的特性决定的。随着时间的推移，柔性屋面会逐渐松弛；遇到大风天气时，屋面还可能产生共振，出现上下扑腾的现象。而这个可以旋转调节的环形桁架，在这些关键时刻就派上了用场。它能够通过四周斜拉索的张紧力，对屋面网的位移进行有效调节，确保屋面始终保持稳定状态。

环形桁架上的"美丽挑战"：异形梁

　　在环形桁架上，还连接着外层的波浪形钢骨，这是一根造型独特的异形梁。它的存在可不是为了单纯的美观，更有着重要的力学作用——分担斜拉索的受力。当力作用在这根异形梁上时，会被分解成两个相互正交的方向，在轴向就会出现受压的情况。这波浪形的弯曲钢骨从外观上看极具艺术美感，线条流畅，给"冰丝带"增添了独特的韵味，可从力学角度说，它面临着不小的挑战。弯曲的受压结构稳定性较差，很容易出现**失稳现象**，也就是突然被压垮。要避免这种情况的发生，就需要设计师进行精准无误的力学计算，考虑到各种可能的受力情况和外部因素，确保每一个细节都符合力学原理，让这根异形梁在展现艺术之美的同时，也能稳固地承担起应有的力学功能。

钢骨

　　正是这些巧妙的设计，将幕墙的刚性与屋面的柔性完美结合，兼顾力学与艺术，就像一场精心烹制的建筑学大餐，每一个元素都恰到好处，共同成就了"冰丝带"独一无二的力学之美。大家不妨想一想，在生活中还有哪些建筑结构也像"冰丝带"这样，将力学原理与艺术美感巧妙融合，创造出令人惊叹的建筑作品呢？

8

风洞赛艇，东奥备战新技现

🗓 体育背景

在 2020 年东京奥运会的激烈赛场上，我国运动员陈云霞、张灵、吕扬、崔晓桐在赛艇女子四人双桨比赛中一路乘风破浪，成功夺魁，为中国队斩获本届奥运会的第 10 枚金牌。在体育运动领域，运动员的身体素质是夺冠的关键要素。不同的体育项目对运动员能力的考验各有侧重，有些项目考验爆发力，像短跑、跳远等；有些项目则考验耐力，如长跑、马拉松等。为了追求"更高、更快、更强"的目标，运动员们需要进行高强度、科学的训练，不断挑战自身的极限。因为不科学的训练可能会对运动员造成永久性伤害，这是得不偿失的。

赛艇比赛效果图

　　如今，奥运赛场的比拼早已不再局限于体育本身，而是综合国力的较量。科技在奥运中的应用日益广泛，科技奥运不仅仅体现在奥运比赛场馆的建设和设备搭建上，更逐渐深入运动员的日常训练中。例如，曾经引发争议的鲨鱼皮泳衣，它能在一定程度上提升运动员成绩，但这并非运动员自身实力的展现。人们也在思考，脱掉了鲨鱼皮的菲尔普斯，还能否重现当年的辉煌。

💬 提出问题

　　赛艇运动引入风洞辅助训练，便是科技奥运的生动体现。以往传统的赛艇训练，主要方式是提升运动员体能和增加实战练习次数。然而这次，借助国际领先的风洞技术，赛艇运动员的训练开启了新的篇章，以工科思维为赛艇训练注入新活力。

　　风洞，简单来说，就是能人工产生和控制气流的管道装置。那么，风洞究竟是从哪些角度助力赛艇运动员训练的呢？从力学角度思考，当赛艇在水面上快速行进时，会受到水的阻力和空气的作用力。风洞可以模拟赛艇在不同速度下的空气流动状态，帮助运动员和教练分析空气阻力对赛艇速度和运动员划桨动作的影响。大家可以想一想，运动员在风洞训练中，如何根据力学原理调整划桨的角度、力度和频率，才能让赛艇在实际比赛中获得更快的速度？

📖 基础知识

风洞：探索空气动力学的神秘实验室

　　你是否想过，飞机如何在天空中轻盈翱翔？赛车怎样在赛道上风驰电掣？这背后都离不开一个神秘的"大功臣"——风洞。风洞，对于很多人来说，是个既陌生又充满神秘感的存在。它就像一个隐藏在科技幕后的魔法师，默默推动着航空、汽车等领域的飞速发展。

　　风洞最早的使命，是帮助人类攻克飞行器在天空飞行的难题。在飞机诞生之初，科学家急需了解飞机在飞行时，空气究竟是如何作用于机身和机翼的，这就诞生了风洞。早期风洞主要用于研究飞行器的升力和阻力，帮助飞机设计师优化飞机的外形，让飞机能够飞得更稳、更快。随着科技的进步，风洞的应用越来越广泛，赛车也开始利用风洞来研究如何进一步减少风阻、提升速度。甚至我们日常出行的小汽车，也会借助风洞实验，让设计的产品更加节能、舒适。

模型飞机的风洞实验效果图

无论是飞机在万米高空翱翔，还是汽车在公路上飞驰，最准确的性能数据都来自实际测试。但在真实的飞行和行驶过程中，要安装一套完整的测量设备，显然不现实。这时，科学家巧妙地利用了**运动的相对性原理**：只要让空气与被测物体之间产生相对速度，就可以模拟出真实的运动状态。于是，风洞应运而生。

简单来说，风洞就像是一个巨大的"空气管道"，在管道的一侧安装着强力风扇，它能吹出强劲的气流。实验时，把需要测试的物体，如飞机模型、汽车模型等，放置在管道内，并在物体表面安装各种传感器。当风扇启动，吹出的气流掠过物体，传感器就能捕捉到空气与物体相互作用的各种数据，通过这些数据，科学家就能计算出物体所受到的阻力、升力等关键参数。

想要风洞实验的数据准确可靠，模拟出真实的气流状态至关重要。从风口吹出的风，一开始往往是混乱无序的，但对于飞机和汽车的测试来说，需要的是稳定、有序的气流。在风洞的实验段，理想的气流状态是层流，也就是气流像平静的河流一样，平稳地流动。当气流经过被测物体后，才会因为物体尾部产生的涡流，逐渐变成湍流。如何精准地控制气流，让实验段保持层流状态，是风洞技术的核心难题。因为气流速度越快，就越容易产生湍流，想要在高速气流下保持层流，需要极高的技术水平和精密的设计。

卡门涡街会引发湍流

从实验的精准度讲，直接用真实的飞机和汽车进行风洞实验，数据肯定最准确。但现实中，飞机的体型巨大，尤其是它那长长的机翼，要建造一个能容纳整架飞机的风洞，不仅需要巨额的资金投入，还面临着诸多技术难题。所以，目前飞行器的风洞实验，大多采用按比例缩小的模型。模型实验能解决一部分问题，但如何保证模型和真实物体在空气动力学上的相似性，又是科学家需要攻克的另一道难关。

大型风洞效果图

风洞，这个看似简单的"大风管道"，却蕴含着无数的科学奥秘和技术挑战。它不仅推动了航空航天、汽车工业的发展，还为我们探索未知的科学领域打开一扇新的大门。下次当你看到飞机在天空飞过，或者汽车在马路上疾驰时，不妨想一想，在它们背后，风洞这个神秘的实验室默默发挥着巨大的作用。

力学解释

降低阻力：赛艇与风洞的奇妙邂逅

在众多体育项目中，赛艇运动以其独特的魅力吸引着无数观众。而如今，赛艇与风洞这看似不相关的两者，却紧密地联系在了一起。

相较于飞机和汽车，赛艇的速度要低很多，这就使得适用于赛艇的风洞建设难度较小，风洞实验段的气流也更容易控制。风洞的主要功能是测量物体所受的空气阻力，对于赛艇运动而言，进行风洞实验的目的同样是**获取运动过程中的阻力**，并且这里的阻力主要聚焦于运动员姿态所产生的空气阻力。

$$\text{空气阻力} \rightarrow F = \frac{1}{2} C S \rho v^2$$

阻力系数 空气密度 迎风面积 物体运动速度

空气阻力

空气阻力的大小与多个因素相关，包括气体密度、迎风面积、阻力系数以及物体的运动速度。在这些因素中，气体密度在常规环境下难以更改，而速度是运动员们在比赛中竭力提升的目标。所以，真正能够通过人为改变来降低阻力的因素，就只剩下**迎风面积和阻力系数**了。

在赛艇比赛时，风迎面吹向运动员。为了减小空气阻力，要求每名运动员的动作必须完全一致，身体的形态也应大体一致。最理想的状态是第一个运动员的迎风面与其他后续运动员的迎风面相等，这样就能通过减小迎风面积来降低阻力。从另一个角度看，赛艇本身的形状是固定的，其阻力系数也随之固定。然而，在划桨过程中，运动员的姿态时刻都在发生变化，这就导致运动员身体的阻力系数也在不断改变。一旦动作不符合规范，就极有可能产生更大的阻力。

风洞赛艇效果图

在以往传统的赛艇训练中，关于减小迎风面积和控制阻力系数，很难通过数据精确获取，大多只能依赖资深运动员的经验传授。但现在借助风洞实验，能够准确测量出在运动员划桨过程中各种姿态下各个位置的空气阻力。这些精确的数据，为规范运动员的动作提供了强有力的参考依据。这也充分展现了科技奥运的强大实力，大家不妨思考一下，除赛艇外，还有哪些体育项目也能借助类似的科技手段提升成绩呢？

9

速度燃情，竞技轮椅何内倾

📅 体育背景

在 2024 年的夏天，体育界的焦点齐聚巴黎。巴黎奥运会上，中国代表团凭借卓越的表现，以 40 金 27 银 24 铜，共 91 枚奖牌的优异成绩位列奖牌榜第二，展现了强大的体育实力。随后举办的巴黎残奥会，同样吸引着全球目光。2024 年巴黎残奥会中国体育代表团的 284 名运动员踏上巴黎赛场，他们以顽强的意志和拼搏的精神，为国家争得荣誉。在残奥会开幕式上，女子轮椅击剑运动员辜海燕和男子举重运动员齐勇凯担任中国代表团旗手，引领队伍自信入场，向世界展示中国残奥运动员的风采。

💬 提出问题

当中国代表团入场时，我们可以看到 10 余人乘坐轮椅前行。这些轮椅型号各异，整体造型与我们日常生活中常见的轮椅相似，但轮子并不都垂直于地面。然而，随着巴黎残奥会比赛的深入，轮椅网球、轮椅篮球、轮椅竞速等轮椅竞速类和轮椅对抗类比赛纷纷开展，大家会惊奇地发现，这些竞技类轮椅的造型十分独特，与普通轮椅有着明显区别。

大家不妨思考一下，为什么竞技类轮椅要设计成这样独特的造型呢？这背后其实隐藏着很多有趣的力学知识。在激烈的竞技比赛中，运动员需要轮椅具备更好的稳定性、灵活性和速度。从力学角度分析，改变轮椅的轮子角度、框架结构等，会如何影响它在运动中的受力情况呢？这些问题都值得我们去探索和思考，让我们一起揭开竞技轮椅背后的力学奥秘。

普通轮椅与竞技类轮椅

⊡ 基础知识

从日常出行到赛场竞技：轮椅的奇妙演变

在我们的生活中，偶尔会看到一些腿脚不便的人使用轮椅出行。普通轮椅主要就是为这个群体提供的临时代步工具。别看它在生活中常见，其实背后有着很有趣的故事。

普通轮椅的功能很基础，简单来说，就是能让人安稳坐下，还能方便移动。要是追溯它的历史，那可相当久远。大约在公元前 5 世纪的古希腊时期，就出现了最早的轮椅雏形，那是一种木质的"四轮车"，专门用来帮助行动不便的人。而在咱们国家，也有关于类似"轮椅"发明的记载。一般大家都认为，诸葛亮发明的木牛流马，算是早期具有轮椅特征的工具。

随着时代的发展，现代普通轮椅在舒适性和便捷性上有了很大提升。特别是后方的两个大轮子，就算没有人帮忙，使用者自己也能操控轮椅移动。不过，这并不意味着操控普通轮椅就很轻松。要是让病人自己控制轮椅前进、后退或者转弯，时间一长，手就会累得受不了。所以，这样的普通轮椅显然没办法满足竞技体育的要求。

竞技体育的口号是"更高、更快、更强"，运动员们在赛场上追求的是极致的力量和速度。普通轮椅的设计，在很多方面限制了运动员的发挥。例如，普通轮椅的两个大轮呈 H 形分布，还有坐垫和大轮之间存在一定的高度差，

现代普通轮椅效果图

这些设计特点都阻碍了运动员在竞技中展现出最佳水平，没办法让他们把竞技体育的魅力发挥到极致。你不妨想一想，如果你是设计师，要怎样改变普通轮椅的设计，才能让它更适合竞技体育呢？

力学解释

力学稳定性：八字形竞技轮椅的关键

在竞技体育的赛场上，轮椅的设计有着独特的方法，尤其是那特别的八字形构造，藏着不少有趣的力学知识。

竞技体育中轮椅采用八字形设计，一个重要原因就在于它能极大地提升稳定性。大家想想，身体尺寸决定了轮椅坐垫的宽度。普通轮椅的轮子呈 H 形分布，这样的布局能在一定程度上减小占用空间，让它在日常生活中移动更方便，但也有一个明显的缺点，那就是地面的支点间距变小了。这会导致什么呢？没错，轮椅的稳定性受到了影响。

而八字形设计的轮椅就不一样了。它巧妙地增大了地面支点的间距，四个轮子支点围成的面积更大。这就好比一个宽阔的底座，让轮椅站得更稳，更不容易发生侧翻。就像我们搭积木，底座越宽，积木堆就越不容易倒。

支点间距对比

大家肯定都知道大车在拐弯时，有时候会**因为速度太快发生侧翻**，引发交通事故。在轮椅类的竞技体育项目中，也存在同样的问题。当运动员操控轮椅以极速转弯时，产生的向心加速度会带来一个向外的惯性力，这个力实际上并不存在，却实实在在地影响着轮椅的运动状态。同时，运动员的上半身也会因为这个惯性力，被"甩"到外侧，导致整个轮椅的重心也跟着偏移到外侧。惯性力和重心的双重变化，很容易让轮椅在极速转弯的过程中发生侧翻。

为了避免这种情况，竞技轮椅的设计离不开严谨的力学分析。其中，静力学分析是最常见的，通过研究轮椅在静止状态下的受力情况，设计师可以找到让轮椅更稳定的结构方案。轮椅动力学分析则更加重要，它能帮助我们了解轮椅在运动过程中的各种力学变化。例如，针对轮椅冰壶运动，就会对轮椅进行力学和运动学的综合分析。这些分析结果，一方面能为设计师提供更好的设计思路，让轮椅的性能更上一层楼；另一方面，也能给运动员的训练提供科学指导，帮助他们更好地操控轮椅，在赛场上发挥出最佳水平。

人机工程学：八字形竞技轮椅的重要因素

在竞技体育的赛场上，轮椅可不只是简单的代步工具，它更是运动员们争夺荣誉的"秘密武器"。而八字形竞技轮椅的设计，背后藏着大学问，力学稳定性是它的关键，人机工程学则是让它如虎添翼的重要因素。

增加两个后轮的间距，能大大增强竞技轮椅的稳定性，这是力学原理在其中发挥作用。但大家有没有想过，为什么后轮要设计成八字形呢？这就和人机工程学有关了。简单来说，人机工程学就是研究人在使用工具时，怎样才能更便捷、更舒适。对于竞技轮椅而言，运动员双手的可操控区域，直接决定了后轮的八字形布局。

假如采用 H 形设计，看起来规整，但运动员在操控后轮时，双手始终要保持横向张开的姿态。这样的姿势，就像你一直张着手臂跑步，不仅不利于手臂力量的完全发挥，影响运动竞技性，长期保持还特别容易让手臂疲劳。而八字形设计就巧妙多了，它让运动员在操控轮椅时更加自然、舒适，能够更充分地发挥出自己的实力，在赛场上表现得更出色。

经过人机工程学仿真分析后的竞技轮椅效果图

竞技轮椅中的人机工程学分析，可远远不止确定八字形后轮的分布形式这么简单。它还涵盖了轮椅与坐垫的间距，这个间距要是不合适，运动员坐着就不舒服，影响比赛状态；轮椅的包容性也很重要，要能稳稳地"抱住"运动员，提供足够的支撑；运动员的姿态也在研究范围内，怎样的姿势能让运动员发力更顺畅；还有作业空间，也就是运动员在轮椅上活动的空间，要保证运动员既不局促，又能高效操控轮椅。

竞技体育，从来都不是孤立的存在，它是一个国家综合国力的体现。没有强大的综合国力支持，竞技体育就如同无根之木，难以茁壮成长。有了前面提到的力学和人机工程学分析，才有可能设计出性能更加优越的竞技轮椅。但设计只是第一步，要把图纸上的轮椅变成赛场上的"神器"，还需要材料、

轮椅篮球（训练中）

制造等多个行业的大力支持。

　　更轻便的竞技轮椅，能让运动员操作更加灵活，在赛场上闪转腾挪、抢占先机。先进的制造技术，决定了竞技轮椅的质量，让它更耐用，延长使用寿命。大家不妨想一想，在生活中还有哪些实例用到了这些技术。

10

弧线幽径，怎样踢出香蕉影

🏛 体育背景

在足球的精彩世界里，有一种特殊的球技令人着迷，那就是香蕉球（弧线球）。从名字就能知道，香蕉球的特别之处在于它的运动轨迹不是直线，而是像香蕉一样的弧线。对于大多数普通人来说，香蕉球充满了神秘色彩。在足球场上，当球员需要进行长距离传球时，我们就有可能目睹香蕉球的出现。它以独特的飞行路线，巧妙地绕过防守球员，精准地到达队友脚下，或是直接破门得分，瞬间点燃全场的激情。像贝克汉姆、罗纳尔迪尼奥和罗伯特·卡洛斯等足球巨星，他们都是踢香蕉球的高手，凭借这一绝技，在赛场上创造了无数经典瞬间，让球迷为之疯狂。

💬 提出问题

当我们惊叹于香蕉球那美妙的弧线时，你有没有想过这背后隐藏着怎样的力学原理呢？足球在飞行过程中，本应按照常规的运动轨迹前进，香蕉球却走出了独特的弧线。这肯定和足球的受力情况有关。是不是球员在踢球时，给足球施加了特殊的力，才让它有了与众不同的飞行路径呢？大家不妨开动脑筋，大胆猜测一下，一起探索香蕉球背后的力学奥秘。

香蕉球的踢法

基础知识

伯努利原理：流动世界的神奇密码

在我们生活的这个充满流动的世界里，无论是天空中飞行的飞机，还是足球场上神奇的香蕉球，又或是水龙头里流出的水流，背后都隐藏着一个至关重要的科学原理——伯努利原理。它就像一把神奇的钥匙，为我们打开了理解流体运动奥秘的大门。

伯努利原理是由瑞士科学家丹尼尔·伯努利在 18 世纪提出的。简单来说，这个原理描述了流体（包括液体和气体）在流动时的一种奇妙规律：在理想流体（不可压缩、不计黏性）稳定流动时，流速快的地方压强小，流速慢的地方压强大。

想象一下，你拿着两张纸张，平行放置，然后向它们中间吹气。按照常理，吹气会让纸张分开，但实际上，两张纸会相互靠近。这就是伯努利原理所描述的压强差在起作用。当你向中间吹气时，纸张中间的空气流速变快，根据伯努利原理，这里的压强就变小了，而纸张外侧的空气流速相对慢，压强较大，于是在内外压强差的作用下，纸张就被"推"向了中间。

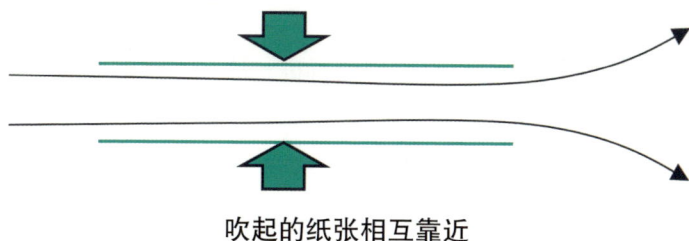

吹起的纸张相互靠近

力学解释

足球场上的魔法弧线：探秘香蕉球

对于大多数人来说，香蕉球就像一个神秘的魔法，它每次出现都能瞬间点燃全场的热情。这么神奇的香蕉球，究竟是怎么踢出来的呢？其实，这背后隐藏着有趣的科学知识，我们可以用空气动力学来揭开它的神秘面纱。当球员踢出香蕉球时，足球不仅会向前飞行，还会快速地自转。足球的自转就像一个小风扇，带动着足球表面的空气也跟着一起转动。与此同时，足球又在向前飞奔，这就导致流过足球两侧的空气速度变得不一样了。

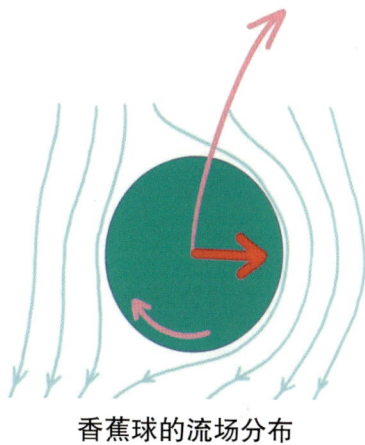

香蕉球的流场分布

打个比方，假如足球是顺时针自转，足球右侧的空气因为自转的带动，再加上足球向前的速度，合起来的速度就会比左侧快。根据**伯努利原理**，流速快的地方压强小，流速慢的地方压强大。所以，足球右侧的压强就比左侧小，这样足球两侧就产生了压强差。这个压强差产生的合力，就像一只无形的大手，推着足球改变原来的直线轨迹，向着压强小的一侧弯曲飞行，于是，神奇的弧线就诞生啦！我们把这样的踢球技术叫作香蕉球。

当我们仔细观察足球在空中的运动，会发现其中蕴含着奇妙的科学原理。想象一种情况，若足球只是在原地自转，此时它就像一个小型的空气搅拌器，带动周围的气流绕着自身旋转，如同一个无形的旋涡围绕着足球。再看另一种情况，要是足球不自转，仅仅是向前行进，那么气流就会像遇到障碍物的水流一样，平稳地绕开足球前行。

现在，把这两种状态结合起来，就得到了足球在比赛中常见的运动方式——前进且自转。此时，足球周围的气流变得复杂起来，一侧的气流因为与足球自转方向相同速度加快，另一侧则相对慢。这就导致足球两侧的气流速度产生差异，进而形成压强差。

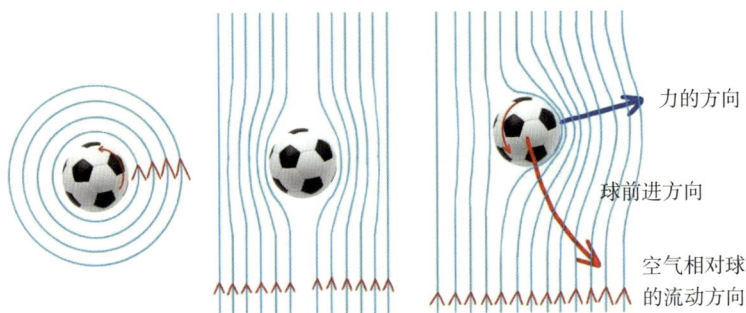

力的方向

球前进方向

空气相对球
的流动方向

不同情况下足球周围的流场

足球自转速度越快，这种压强差就越大，两侧气流作用在足球上的合力就越大，足球飞行的弧线也就越明显。然而，当足球的前进速度很大时，气流流过足球表面的速度也会增大，相比之下，自转速度对气流的影响就显得不那么突出，压强差不会像自转速度起主导作用时那么明显，足球的飞行弧线就会更接近直线。

明白了香蕉球的原理，我们就可以探讨**如何踢出轨迹明显的香蕉球了**。从力学角度分析，主要有两种方法：①踢球的着力点要偏离足球中心位置，这样在踢球瞬间会产生一个让足球自转的力矩，使足球能够快速旋转起来；②踢出去的力要相对小一点，这样足球前进速度较慢，自转对气流的影响更显著，弧线也就更明显。但需要注意的是，如果着力点偏离中心位置过大，或者踢出去的力过小，虽然弧线会更弯曲，但传球的距离会大大缩短，这在实际比赛中是不利的。

通过复杂的力学计算，我们能够绘制出踢出去的力、脚着力点的位置对足球飞行弧线的影响曲线，借助这些曲线，理论上可以精确控制足球的落脚点。不过，对于足球运动员来说，他们并不需要时刻牢记这些力学理论。在长期的高强度训练中，他们通过不断地重复练习，熟练掌握了腿部发力的技巧及其角度，凭借着敏锐的脚感，就能随心所欲地踢出想要的香蕉球。然而，了解这些力学原理并非毫无用处，它能为初学者提供指导，帮助他们更快地掌握香蕉球的踢法，少走弯路。你不妨思考一下，在练习踢香蕉球的过程中，如何将理论与实践更好地结合起来呢？

力学指导下的香蕉球

📖 扩展阅读

落叶球：香蕉球的"孪生兄弟"

在足球的奇妙世界里，落叶球和香蕉球堪称一对引人注目的"孪生兄弟"。它们都是足球场上极具魅力的特殊球技，踢出的球以独特的飞行轨迹，让观众们惊叹不已。它们背后的力学原理有着奇妙的联系，却又在实际表现中展现出明显的差异。

落叶球是一种让守门员颇为头疼的射门技巧。它的神奇之处在于，足球在飞行过程中，轨迹犹如秋天飘落的树叶，起初看似平稳，**接近球门时却突然急速下坠**，让守门员防不胜防。许多足球巨星都擅长运用落叶球，如 AC 米兰队的传奇球星皮尔洛，他的落叶球常常能在关键时刻打破对方的防线，为球队赢得关键的分数。

从力学原理角度看，落叶球和香蕉球都遵循**伯努利原理**。这个原理告诉我们，在流体（这里指空气）中，流速快的地方压强小，流速慢的地方压强大。正是基于这个原理，足球在飞行时，表面与空气的摩擦以及自身的旋转，会导致周围空气流速产生变化，进而形成压强差，使得足球的飞行轨迹发生改变。

然而，落叶球和香蕉球在轨迹上有着显著区别。香蕉球的轨迹平面更多地偏向水平面，就像在足球场上画出一道优美的弧线，常常被球员用来巧妙地绕过防守区，实现精准传球。而落叶球的轨迹主要集中在竖直平面，它的飞行轨迹充满了戏剧性。在落叶球飞行的初期，足球速度较大，此时重力的影响相对较弱，足球看似平稳地飞行。但随着飞行的进行，到了轨迹的后期，**重力的作用逐渐凸显**。与此同时，压强差导致的轨迹弯曲也在发挥作用，两者相互叠加，使得足球后半段的轨迹出现诡异的"突然"坠落。这种突然的变化让守门员很难预判球的落点，常常防不胜防，因此落叶球更多地被运用在射门环节，成为球员攻破对方球门的秘密武器。

落叶球

大家可以想象一下，在足球场上，球员们巧妙地运用这两种不同轨迹的球技，创造出一场又一场精彩的比赛。那么，当你在观看足球比赛时，有没有仔细观察过落叶球和香蕉球的飞行轨迹呢？如果改变足球的材质或者表面的粗糙程度，你觉得这两种球的飞行轨迹又会发生怎样的变化呢？

第四篇

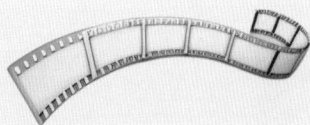

影视动画的力学幻想

那些酷炫夺目的视觉盛宴，看似天马行空，实则每一处惊艳都离不开力学科学的精准支撑

1

力学对碰，万链迭代算力费

影视背景

2019 年，动画电影《哪吒之魔童降世》震撼上映，如同闪耀的新星照亮影坛。它以 50.35 亿元的傲人票房成绩独占鳌头，创下当时中国动画电影票房纪录，成为无数观众心中的动画经典。

时光飞逝，2025 年蛇年春节，万众期待的《哪吒之魔童闹海》（以下简称《哪吒 2》）重磅回归。影片凭借高品质画面和精彩剧情，在竞争激烈的春节电影档中脱颖而出，票房呈现断崖式领先，迅速跻身总票房榜首，续写了哪吒神话的辉煌。这 5 年的精心打磨，饱含制作团队的诚意，最终收获了观众的认可，无疑又将成为动画电影史上的一座新高峰。

随着《哪吒 2》票房一路高涨，影片背后的制作细节也逐渐浮出水面。

哪吒效果图

据媒体报道，导演饺子对画面品质把控极为严苛，力求每个镜头都臻于完美。电影开篇陈塘关大战的场景堪称一绝，百万条锁链栩栩如生，随着海底妖族从神秘空间裂缝中汹涌而出，在空中紧绷又摇曳，紧紧跟随着妖族的动作。整个画面壮观宏伟，细节处理恰到好处，让观众仿佛身临其境，充分展现了制作团队的用心与实力。值得一提的是，一条锁链的制作时间就需要 4 个月左右，《哪吒 2》中有百万条锁链，特效师的计算机开机都需要 2h。

💬 提出问题

大家有没有想过，为什么动画制作如此耗费时间呢？如果你关注《哪吒 2》，可能看到过这样的新闻推送："海底炼狱场景里，10240 条动态锁链相互纠缠，每帧产生 27 万次物理碰撞运算。"原来，耗时的关键就在于物理碰撞的计算。当这些锁链相互碰撞、与角色或场景互动时，要让画面看起来真实自然，就需要运用力学知识进行精确的模拟和计算。锁链的材质不同，碰撞时的弹性、形变程度就不一样；运动速度不同，产生的碰撞力和运动轨迹也会千差万别。那么，动画制作团队是如何利用力学原理，通过复杂的计算机算法，实现这些锁链在虚拟世界里的逼真运动呢？这背后的力学问题，是不是充满了奥秘和挑战？

🔲 基础知识

动画制作：从想象到荧幕的奇幻之旅

或许不少人都觉得，动画制作不过是画画图，花费的时间主要都在绘画上。就像早期那部充满诗意的水墨动画《小蝌蚪找妈妈》，画师先精心绘制一幅幅美妙的画面，再通过分层拍摄的方式，将这些静态画面连贯起来，最终变成灵动的动画。那时候，绘画的速度和质量，基本就决定了整个动画的制作进度。

随着科技的飞速发展，计算机逐渐成为动画制作的得力助手。如今，制作动画变得更加便捷、高效。创作者只需要绘制好基本图形，再设定好它们的运动轨迹，就能让这些图形在荧幕上动起来。从表面上看，这种制作方式下，动画的制作时间似乎还是主要取决于绘画的时长。运动的设计也好像很简单，绘画者凭借个人经验，就能决定一个物体在多长时间内到达什么位置。具体的运动关系，靠**绘画者在大脑里进行"计算分析"**，让物体的运动符合日常常理。因为有人脑的参与，看起来好像省去了对物体运动的复杂计算时间。

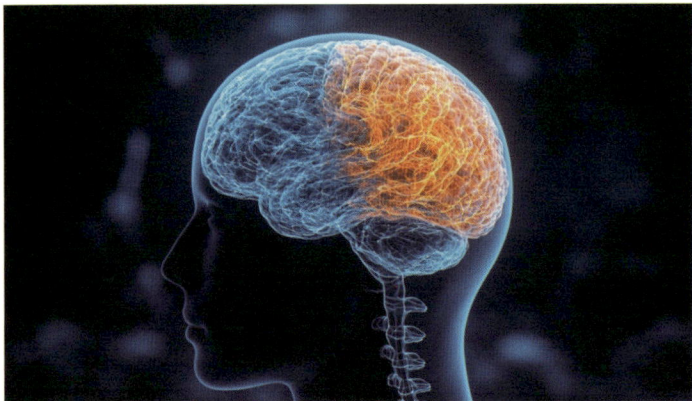

人脑的计算有极限

然而，人脑的计算并非万能。在处理简单、纯粹的运动关系时，如小蝌蚪在水中自在游泳，人脑根据速度很容易分析出小蝌蚪下一秒的位置，在这种情况下，人脑的计算足以满足需求。但一旦遇到复杂的运动场景，问题就来了。假如小蝌蚪不小心撞到了大青蛙，或者它摆尾时溅起了水花，这些涉及碰撞、力的相互作用以及流体效果的复杂运动，人脑的计算就显得力不从心了。我们凭借生活经验和丰富的想象力，能够在脑海中勾勒出这些场景，但要通过绘画将其中的每一个细节完整、准确地呈现出来，难度极大。尤其是在表现剧烈的打斗场面时，各种物体的高速运动、碰撞反弹以及复杂的受力变化，仅仅依靠人脑计算和手工绘画，几乎不可能完美还原。

现在大家是不是对动画制作背后的秘密有了更深的思考呢？当我们在荧幕前为精彩的动画情节欢呼时，可曾想到制作团队为了让这些画面真实可信，在背后付出了多少努力？如果你制作一个动画场景，里面既有快速飞行的物体，又有它们碰撞后产生的各种效果，你会如何解决这些复杂的运动计算问题呢？

👩 力学解释

动画中百万锁链的力学奥秘与制作难题

在精彩的动画场景里，百万条锁链一端紧紧捆着妖兽，另一端牢牢拴在金箍棒上，从神秘的空间裂缝中穿梭而出，来到陈塘关上空。远远望去，这些锁链就像一条条纤细的"丝线"，编织出震撼的画面。为了给观众呈现最真实的视觉体验，动画制作团队可没偷懒，他们没有简单地用一根根丝线来敷衍了事，而是实实在在地建立起了锁链的物理模型，背后的学问可大着呢！

百万锁链奇袭陈塘关

动画制作中物理渲染所用到的物理引擎，其具体算法或许和力学仿真有所不同，但基本原理是相通的。在某一个特定时刻，如果只考虑锁链两端固定，并且受到地球引力作用的情况，这就是著名的**悬链线**。然而，在动画的奇幻世界里，海底妖怪时刻都在运动，这就使得锁链的情况变得复杂起来。锁链除要承受自身重力外，还得经受妖怪的牵引力。而且这个牵引力会随着妖怪的运动不断改变，不管是大小还是方向，都处于动态变化之中。

这种牵引力的变化，直接导致锁链的具体形状和位置时刻都在发生改变。更神奇的是，锁链形状和位置的改变，又会反过来引起锁链内部拉力的变化，它们就像一对相互影响的"小伙伴"，彼此的状态紧密相连。

从力学仿真的角度深入探究，单条锁链随着妖怪运动的计算时间与锁链的长度有着密切的关系。大家可别小看这锁链，它可不是简单的一根线，而是由一环又一环相互嵌套组成的，每一环都可以看作是单独的个体。在进行

悬链线

力学计算时，计算量的大小更多地和参与计算的个体数量有关。简单来说，参与计算的个体越多，耗费的时间就越长。在力学仿真常用的有限元方法中，有限元的单元数越多，计算耗时也就越长。

另外，动态过程的计算难度和时间远远超过静态计算。对于静态的情况，利用平衡方程就能轻松解决。但动态计算可就麻烦多了，**它和时间紧密相关**，而且还存在"**惯性力**"。这时候，力学上的偏微分方程很难直接求解，采用数值算法虽然能解决问题，但非常耗费时间。

还有一个难题，同一锁链的环与环之间、不同锁链之间以及锁链与海妖之间，都存在着相互的**碰撞和接触**关系。每一次碰撞和接触，都是一个复杂的**非线性过程**。如果要追求力学仿真的极致效果，单条锁链通过力学仿真或许还能实现，但要是对百万条锁链都进行这样的力学仿真，那计算量简直大到无法想象，根本无法实现。要是非要处理，力学专家会基于悬链线方程，引入加速度、牵引力等物理量，深入探讨这些物理量对悬链线的影响，然后借助仿真软件，实现百万条锁链的物理姿态。不过，这里采用的锁链模型就不再是环环相扣的精细模型，而是一种相对简化的整体模型。

当我们在荧幕前为那些精彩的动画场景惊叹时，很难想象制作团队为了让这些画面尽可能真实，在背后要攻克这么多复杂的力学难题。如果让你来简化这个百万锁链的力学模型，你会从哪个角度入手呢？

人工智能：力学仿真的速度秘籍

你们知道吗？动画制作里的物理引擎和真正的力学仿真，在计算可靠性上有着不小的差别。动画制作使用的物理引擎，主要是让渲染出来的效果符合我们平常看到的物理现象，能从视觉上说得通就行。就像我们在动画里看到物体的运动、碰撞，感觉跟现实差不多，不会觉得奇怪，这样就算通过。

但是力学仿真可严谨多啦，它算出来的结果必须得经过试验来验证。科学家会做各种实验，看看力学仿真算出来的和实际情况是不是相符，而且**两者之间的差距不能超过一定范围**，这个范围就是我们说的误差范围。

也正是因为动画制作的物理引擎在真实性上稍微做了点"牺牲"，它计算起来花的时间，比起真正的力学仿真要少一些。

科学家都被这种特别耗时的计算弄得头疼不已，可目前的算法很难有大的突破。不过别担心，**人工智能的出现**，给力学计算仿真带来了新的办法。目前，已经有大量研究者在研究用人工智能算法解决力学方面的问题，尤其是在流体力学这个领域。就像《哪吒 2》里海水涌动的画面，看起来特别真实。要是用以前的算法来做出这种效果，估计得花不少时间呢。

流体的流线效果图

2

天梯之问，轨道强度怎堪论

📅 影视背景

    人类对于飞天的渴望，就像一团永不熄灭的火焰，从古至今从未停止。在古老的传说中，有能够腾云驾雾、自由翱翔于天际的神话人物，他们的故事承载着古人对天空的无限遐想。明朝万户这位勇敢的先驱，更是以实际行动迈出了探索飞天的脚步，尽管他乘坐的绑有"火箭"的椅子充满未知与危险并因此付出了生命，但他的勇气和探索精神，为后人树立了榜样。

    到了近代，莱特兄弟发明飞机，让人类真正实现了在天空中自由飞行的梦想，开启了航空时代的大门。20世纪中叶，苏联航天员尤里·加加林乘坐宇宙飞船，第一次踏入了浩瀚的太空，这一伟大壮举标志着人类航天事业迈出了具有里程碑意义的一步。进入21世纪，美国的"亚特兰蒂斯"号航天飞机完成了它的谢幕之旅，第一代航天飞机计划落下帷幕。直到今天，借助火

火箭发射

箭仍然是人类实现飞天梦想的唯一途径。

　　然而，火箭发射的流程极为复杂烦琐，并且大多数火箭都是一次性使用的，这难免让人觉得有些浪费资源。

💬 提出问题

　　为了解决这些问题，人们开始不断探索新的飞天方式。科幻作家刘慈欣在《三体》中提出了太空电梯的设想，这一充满想象力的概念吸引无数人的目光。在小说里，太空电梯铺设的初级导轨运载能力比不上设计中的4条导轨，但比起化学火箭时代，其运载能力已经有了质的飞跃。如果不考虑建造费用，进入太空的成本甚至比民航飞机还低。按照书中设想，太空电梯的初级导轨（用缆索来描述或许更合适）将在21世纪二三十年代进入试运行阶段，从现在算起，也不过十多年的时间。

　　但大家有没有想过，太空电梯的缆索要承受多大的力呢？它需要连接地球与太空，不仅要承受自身的重量，还要抵抗地球的引力、地球自转产生的离心力以及太空中复杂的环境因素影响。从力学角度来看，**这对缆索的强度是一个巨大的挑战**。如果缆索强度不够，可能在巨大的拉力下断裂，导致严重的后果。那么，科学家需要研发出怎样高强度的材料，才能满足太空电梯缆索的力学要求呢？又该如何设计缆索的结构，让它能够更稳固地支撑起太空电梯呢？

太空电梯

📖 基础知识

太空电梯：柔性结构与同步奥秘

太空电梯是一种极具想象力的太空运输设施，它必定是**柔性结构**，这样的设计能有效应对运动不同步以及恶劣天气等问题。考虑到地球自转这一因素，将太空电梯的地面接入端设置在赤道是更为适宜的选择，如同地球同步轨道卫星一般，可让**电梯与地球保持同步运动**。若不如此，太空段就需要持续输出能量来维持与地球的同步，这显然在能源利用等方面是不经济的。在刘慈欣的设想中，天梯三号便位于赤道的海面上，借助海面上的人工浮岛，能够对太空电梯的位置进行调节。

此外，刘慈欣还为太空电梯的终点站配备了空间站，其作用是为电梯提供**平衡**。此时，电梯就如同连接两个重物的纽带，主要承受着拉伸力。事实上，仅靠一根绳子是很难在地球的转速下被甩直的，地球自转速度较慢，24h 才转动 360°，经换算其角速度大约为 7.292×10^{-5}rad/s。如此缓慢的角速度，必须依靠配备重物，借助重物绕地球旋转所产生的**离心力**，才有可能将这根缆索轨道拉直。

🧑 力学解释

强度：太空电梯梦想与现实之困

在刘慈欣构建的科幻世界里，太空电梯的设定展现出非凡的科学性。不过，要将这一宏伟设想变为现实，**材料强度问题成为了最大的拦路虎**。在《三体》中，为了让故事逻辑自洽，作者创造出了名为"飞刃"的纳米材料，这种材料强度极高且密度很小，正是打造太空电梯的理想之选。但遗憾的是，以目前人类的科技水平，还未能掌握这种新材料的制作技术。

在材料领域，我国已经取得了不少令人瞩目的成果。例如，"冰丝带"（国家速滑馆）屋顶所使用的**高钒密闭索**。

那么，这样一根性能优异的钢缆，能不能用来打造太空电梯的轨道呢？

我们不妨通过科学计算一探究竟。太空电梯的钢缆在运行过程中，会受到重力和绕地球旋转产生的离心力的共同作用。随着高度的增加，重力加速度会逐渐减小。经过复杂的计算，就能得到整根钢缆的重力表达式。

经过分析可知，对于这根钢缆而言，最外端承受的拉力最大，是最容易发生危险的地方。当我们把高钒密闭索 1570MPa 的强度代入计算后，得出钢缆在满足强度要求下的**最大长度约为 20.6km**。这意味着，用高钒密闭索打造的太空天梯，在空载的情况下，最高只能达到 20.6km 的高度。一旦超过这个高度，钢缆就会因无法承受自身重力被扯断。

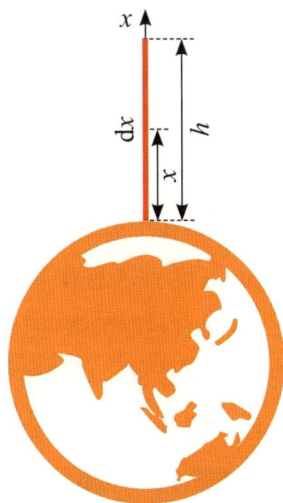

分析图

再看看离心力的影响。通过同样严谨的推导计算，我们得出在离心力作用下，钢缆所能达到的长度约为 4413km，这个数值是重力影响下钢缆长度的 214 倍之多。但由于地球自转速度很慢，产生的离心力较小，相对于重力的影响可忽略。而 20.6km 的高度，连平流层都远远未能到达，与我们所期待的太空电梯相差甚远。

从这些计算结果可以看出，要实现太空电梯的梦想，我们在材料研发上还有很长的路要走。那么大家不妨思考一下，如果未来要研发出合适的太空电梯材料，这种材料需要具备哪些更神奇的特性呢？

太空电梯材料：强度与梦想的距离

我们知道，材料是制约太空电梯从科幻走向现实的关键因素。那么，究竟需要多强的材料，才能满足太空电梯的建造需求呢？假设材料密度保持不变，让我们一起来算一算。

如果要建造最低 160km 的轨道，材料强度需要高达 11.93GPa，这可是我们熟悉的高钒密闭索强度的 7.6 倍。如果目标是空间站所在的 400km 轨道，材料强度更是得飙升到 28.77GPa，是高钒密闭索的 18.32 倍。以目前的科技水平，想要把高钒密闭索的强度提升这么多倍，几乎是不可能完成的任务，除非《三体》中的"飞刃"纳米材料真的出现。

其实，大自然早就为我们展示了一种神奇的高强度材料——**蛛丝**。别小看这细细的蛛丝，它的强度高达 17.5GPa，是高钒密闭索的 11.15 倍，而且密度仅为 1340kg/m³，大约只有钢材密度的 1/6，真正做到了又轻又结实。要是用蛛丝来打造太空电梯的轨道，在空载情况下，轨道长度能达到 1685km，远远超过空间站所在的 400km 高度。这意味着，如果太空电梯设计高度为 400km，使用蛛丝作为材料，就会有足够的强度余量来承载其他各种载荷。

然而，理想很丰满，现实却很骨感。尽管蛛丝性能卓越，可是人类目前还无法制造出人造蛛丝。并且，蛛丝还有一个致命弱点——**不耐磨**。在太空复杂的环境中，磨损问题会严重影响太空电梯的使用寿命和安全性，所以蛛丝目前还无法真正用于太空电梯的建造。

最强蛛丝

从这些数据和材料特性中，我们能深刻感受到太空电梯的建造难度。但这也正是科学探索的魅力所在，每一个难题都是一次挑战，也是一次进步的契机。大家不妨大胆设想一下，如果未来要研发出真正适用于太空电梯的材料，科学家可能会从哪些方向入手呢？

3

天梯失控，坠落方位何以问

🎞 影视背景

在科幻的奇妙世界里，太空电梯一直是备受瞩目的存在。刘慈欣在《三体》小说中，为我们构建了太空电梯的设想，其独特的结构和运行方式激发了无数读者对未来太空探索的遐想。而在电影《流浪地球2》中，太空电梯的场景更是震撼呈现，它不仅延续《三体》中的基本设定，还增添了许多丰富的细节，让观众得以更直观地感受太空电梯的魅力。

影片里，太空电梯的厢体大小如同一套商品房，其升空过程充满科技感。一开始，厢体依靠底部自带的"火箭"发动机推动，最大加速度达到9G（G为重力加速度），在强大的推力下快速上升。当到达一定高度后，高处的牵引绳接力，继续拉扯厢体升空，直至抵达空间站。并且在空间站外配备了平衡电梯结构自重的配重，确保整个太空电梯系统的稳定运行。

空间站效果图

💬 提出问题

如此壮观的太空电梯，在电影中却遭遇了坠落的危机。这就引出了一个有趣的力学问题：如果太空电梯不幸坠毁，它的坠毁地点会受到哪些因素的影响呢？从力学角度分析，太空电梯运行时处于高速运动状态，既有向上的速度，又随着地球自转而具有一定的切向速度。当发生意外坠落时，它的初始速度方向和大小、地球的引力以及自转产生的惯性力等，都会对其坠毁地点产生作用。而且，不同高度处的空气密度也不一样，空气阻力也会影响太空电梯坠落的轨迹。大家不妨开动脑筋想一想，这些复杂的力学因素是如何相互作用，最终决定太空电梯坠毁地点的呢？

📖 基础知识

天地同步：地球静止轨道之谜

在广袤的太空中，当物体围绕地球进行无动力飞行时，会受到地球引力与自身圆周运动所产生离心力的共同作用，这两种力相互"平衡"[①]。要实现这种"平衡"状态，物体的轨道速度与高度之间存在着特定的匹配关系，并且可以通过精确的公式推导呈现。随着轨道高度不断增加，公式中的 R 值增大，物体的在轨速度就会相应降低。这意味着在太空中，**不同的离地高度，无动力飞行物体的速度是各不相同的。**

$$v = \sqrt{\frac{GM}{R}}$$

引力常数　地球质量　轨道半径

速度与轨道的关系

另外，若将速度用角速度来进行换算，已知地球自转的角速度为 $7.292 \times 10^{-5}\,\text{rad/s}$，在地球的赤道面上，通过计算可以得出对应的轨道高度为

① 非真正的平衡，而是数学分析中的平衡。

35786km，这正是**地球同步卫星所处的静止轨道**。处于这个轨道的卫星，其旋转速度与地球自转速度保持一致，从地面上肉眼望去，这颗卫星仿佛静止在天空中。需要注意的是，地球静止轨道仅有一个，它无疑是极为宝贵的太空资源。而其他轨道，即便高度相同，也无法达到静止的效果。

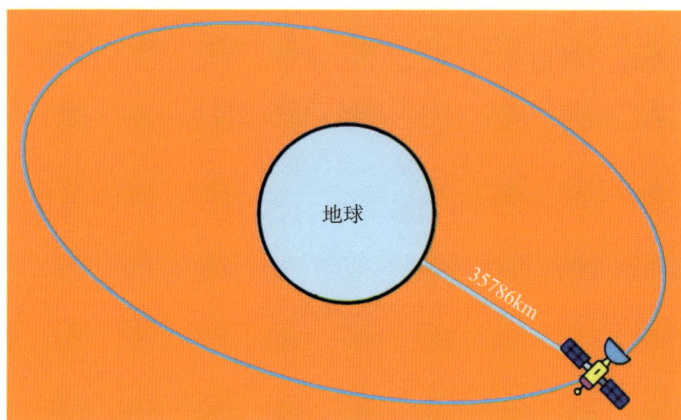

地球静止轨道

　　显然，太空电梯若要从想象变为现实，必然与这个地球静止轨道紧密相关。影片中，太空电梯的设定地点位于加蓬，这是一个被赤道穿过的非洲国家。太空电梯的地面端是稳固地固定于地面的基地，另一端则是配重。

力学解释

垂直坠落：影片中的科学小瑕疵

　　在电影情节里，太空电梯相关的坠落场景惊心动魄，却隐藏着一些科学上的小瑕疵。实际上，太空电梯的空间站一旦发生坠落，其坠落轨迹可不像影片中呈现的那样**垂直坠落**。

　　当空间站因爆炸失去缆索束缚后，它进入了近乎自由的状态。在原本的轨道高度上，空间站要以大约7.8km/s的速度运行，才能保持绕地圆周运动，让离心力与地球引力保持平衡。可**一旦重力大于离心力，空间站就会开始坠落**。

　　在空间站坠落过程中，大气层的阻力成为了关键影响因素。由于地球自西向东自转，空间站原本也随着地球一起自西向东旋转，拥有一定的**水平向东速度**。但随着坠落，大气层的阻力不断消耗这一水平速度。就好比一个跑步的人，在布满阻力的环境中，速度会逐渐慢下来。所以，最终空间站并不会直直地垂直砸在基地之上，而是会落在**基地的西侧**。

反观影片中的画面，给人的感觉就像是空间站即便被炸，却仍与缆索紧紧相连，然后**被缆索径直拉向地面**。这与真实的力学原理不符，你们以后要是自己创作科幻故事，可别忘了这些有趣的科学知识。

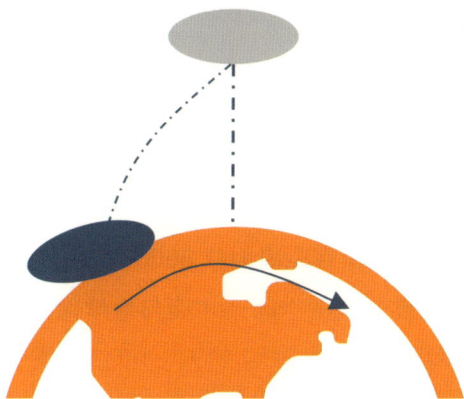

坠落在西侧

📖 **扩展阅读**

太空电梯：从蓝图到现实的宏伟征程

建造太空电梯是一项超乎想象的超级工程，它的实现需要经历多个复杂且关键的步骤。

第一步：打造地球静止轨道空间站

首先，我们要建设空间站。在项目初期，建设所需的材料都依赖火箭送上太空。以我国正在运行的空间站为例，从 2020 年 5 月开工，一直到 2022 年 11 月，历经约两年半时间才基本完工。而作为太空电梯关键组成部分的空间站，规模要比我国空间站大得多。如果把中国空间站比作温馨的"三室两厅"，那么太空电梯的空间站就像小区高层建筑的一层，至少容纳 9 户人家。可想而知，它的建设周期至少需要一二十年。

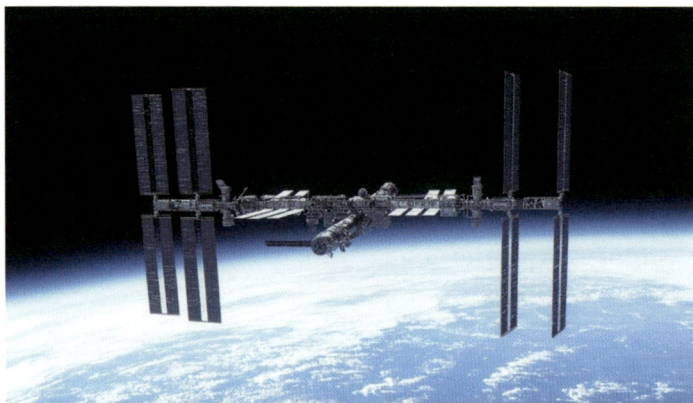

空间站效果图

这个空间站必须精准定位在距离地球 **36000km 的地球静止轨道上**。只有在这个特殊的轨道，建设初期的空间站才能与地球保持同步转动。要是像中国空间站那样，大约 90min 就绕地球转一圈，速度就过快了。运动不同步的话，后续缆索的架设就无法实现。这 36000km 的地球静止轨道，**就如同建造高楼的地基**，只有地基打得牢固，后续的建设才能稳步推进。

第二步：构建配重空间站

接下来是建设配重。这里的配重可不是普通的石头之类的重物，**一个合**

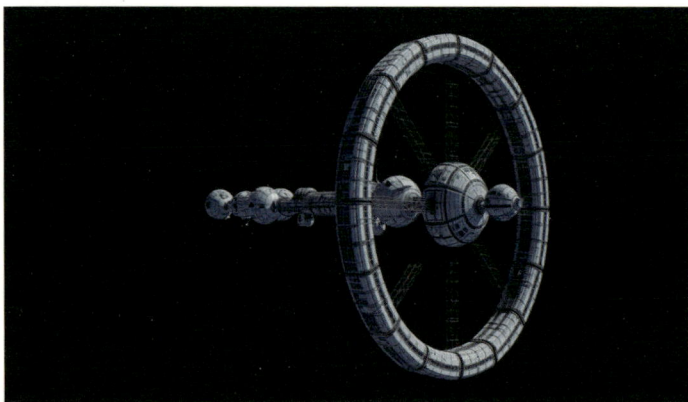

配重空间站效果图

理的选择还是建造空间站。如果未来人类有离开地球的长远计划，这个配重空间站的规格就要更高、更豪华。配重空间站的建设有两个可行方案。**第一个方案**是先在同步轨道上完成建设，随后再发射到距离地球 50000~90000km 的位置；**第二个方案**则是直接在 50000~90000km 处进行建设，不过这时配重空间站的运动与地球不同步。

无论选择哪种方案，都需要消耗巨大的能量。第一种方案的能量用于从 36000km 的轨道变轨到 50000~90000km 的轨道；第二种方案的能量则用于在 50000~90000km 处加速，使空间站能够与轨道同步相连。配重空间站的建设可以与第一步同步开展，可能所需时间会更长一些。

第三步：架设连接轨道

最后一步，也是最具挑战性的，就是架设轨道，将配重、空间站和地球紧密联系起来。根据前面提到的两种配重空间站建设方案，轨道的架设也有两种对应方式。

（1）**第一种方案**，当配重空间站在同步轨道上建设完成后，在动力系统的推动下，配重空间站带着轨道一起，始终保持同步运动，向 50000~90000km 的目的地进发。在这个过程中，由于整体质心向外移动，下放的轨道必须由同步轨道上的空间站完成。

（2）**第二种方案**相对简单，无须过多考虑配重空间站的前期建设问题，直接由空间站同时向上下两个方向发放轨道。一旦第一条轨道成功架设，后续的多条轨道建设就会相对顺利。

轨道的架设效果图

　　理论上，我们可以通过精确计算，**控制轨道上下两侧的发放速度**，以此来维持空间站的轨道高度。但要注意，这两个速度并不相同，不是简单地维持质心平衡就可以实现的。在实际操作中，空间站的发动机必须保持运行，以便更好地维持在轨高度。此外，在两种方案中，下放的轨道都需要附带配重，目的是模拟电梯厢负载时的受力情况，确保轨道的稳定性和安全性。

　　当轨道铺设长度接近目标，需要进行最后两端固定连接时，也存在不少难题。在第一种方案中，配重端无须连接；而在第二种方案中，配重端需要加速到与地球自转同步，才能进行连接。不过，这种连接技术相对成熟，原理类似于空间站对接。

　　真正棘手的是**地面端的连接**。麻烦并非来自轨道与大气层的摩擦力，因为同步运动后，大气层也随着地球一起转动，两者之间的摩擦并不大。真正的挑战在于**大气层的不稳定性**，也就是风的影响。风会使轨道晃动飘移，难以精确控制其位置。目前唯一可行的办法，是在末端配重上安装发动机，通过发动机的动力调整来提高落点精度，确保轨道与地面的顺利连接。

　　建造太空电梯是人类对未知领域的勇敢探索，每一步都充满挑战，但也正是这些挑战，激发着我们不断突破科技的边界，向着浩瀚宇宙迈出更加坚实的步伐。大家觉得在未来，我们还会遇到哪些难题，又该如何解决呢？

4

苍旻万里，轨道同步怎司准

🗓 影视背景

当太阳即将走向毁灭，人类为了生存，开启了一场充满艰难险阻的流浪地球计划。在电影《流浪地球2》中，我们看到了未来世界的科技蓝图，人类的勇气与智慧被展现得淋漓尽致。其中，太空电梯这一震撼场景令人印象深刻，它直插云霄，承载着人类对宇宙的无限向往和探索的希望。

在电影里，太空电梯的轨道高度达到了90000km。而在现实的航天科学领域中，卫星的静止轨道有着特定的条件限制。在静止轨道上，卫星只受到引力和离心力的作用，在这两种力的平衡下，卫星的高度相对固定，大约为36000km。

💬 提出问题

一个有趣的问题出现了，太空电梯除受到引力和离心力外，还会受到其他力的拉扯。即便如此，它与卫星静止轨道的高度差竟如此之大。那么，处于90000km以上高度的太空电梯轨道，究竟是如何保证与地球自转同步的呢？从力学原理思考，更高的轨道意味着更大的圆周运动半径，要实现与低轨道卫星同样的与地球自转同步效果，它的运动速度和受力情况肯定有着特殊的设计。大家可以开动脑筋想一想，在这背后可能隐藏着怎样的科学奥秘呢？

90000km 以上如何同步？

📖 基础知识

太空飞行的奥秘：无动力飞行的智慧

当我们仰望星空，畅想太空飞行时，你是否想过，太空中绕地球飞行的物体，怎样的设计才是最理想的呢？答案是让**它们实现无动力飞行**。

就拿太空电梯来说，它要与地球自转保持同步，可不能依赖额外的能源来维持这种同步状态。想想看，直升机在空中悬停，需要一直开着发动机，持续消耗能量。但在航天领域，这种方式是行不通的。因为将能源输送到遥远的高空，**成本实在太高昂了**。仅仅依靠太阳能，也不足以驱动庞大的空间站或者配重设备运行，使其跟上地球的运动节奏。

地球自转的角速度虽然不快，但它的转动半径巨大，这就导致地球表面的**线速度相当快**。太阳能所补充的能量，顶多只能偶尔用来维持轨道高度。所以，让物体在太空中无动力飞行，是一种既科学又高效的设计。它不仅能节省大量的能源成本，还能让太空飞行更加稳定和可持续。

当我们惊叹于太空探索的伟大成就时，大家不妨多思考这些背后的科学原理。如果你是一名航天设计师，面对太空飞行的能源难题，你会想出什么奇妙的解决方案呢？

太阳能电池效率较低

力学解释

同步轨道的计算：探索太空电梯的奥秘

在了解了太空无动力飞行这个重要前提后，让我们一起深入探讨一个有趣的问题：太空电梯最外端的配重，其轨道高度究竟是多少呢？

现在，我们把这个配重单独拿出来分析。它和普通绕地物体一样，受到地球引力以及自身运动产生的离心力。不过，与静止轨道卫星不同的是，它还会受到缆索对它的拉扯力。要是没有这个拉扯力，根据物理原理计算得出的轨道高度就是 36000km，而且这个高度与卫星自身质量没有关系。无论卫星质量是重一些还是轻一些，其静止轨道高度都是固定的 36000km。

然而，一旦考虑到这个拉扯力，情况就变得复杂起来了。依据力的"平衡"关系，我们会得到一个 3 次方的函数方程。

在这个方程里，地球自转角速度为 7.292×10^{-5}rad/s，引力系数以及地球质量都是已知的物理量，而我们要求解的轨道高度 R 是未知的。此外，还有两个参数尚未确定，分别是配重的质量 m 和拉扯力 T。我们假设配重质量为 1000t，拉扯力 T 由缆索、空间站和厢体等结构的重力与离心力之差来确定，这里假设为 500kN。通过求解这个函数，找到它与零线的交点，就能得出轨道高度，大约是 92000km。**这就是电影中太空电梯 90000km 轨道数据的由来。**

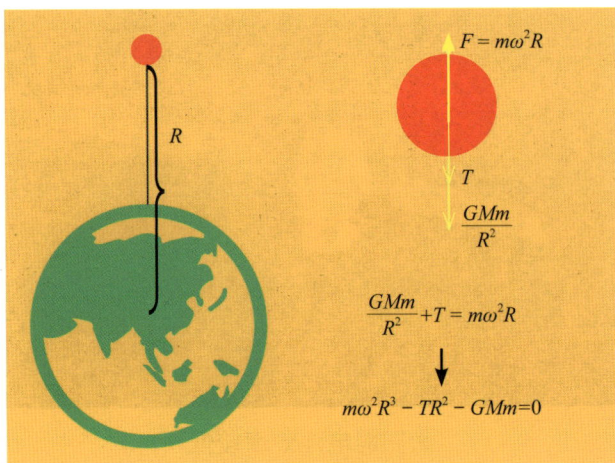

3 次方函数方程

需要注意的是，这个高度对应的必定是配重的轨道高度，而空间站的高度远没有这么高，像我们现在的空间站高度也就稍高于 400km。由此可见，对于配重来说，**只要给它设定一个合适的质量和受到的拉力，它就能够与地球保持同步运动。**

　　电影里，太空电梯遭受袭击发生爆炸，那它究竟会像剧情中那样掉下来，还是会飞出去呢？**这其实和它所处的轨道高度密切相关。**就拿 90000km 处来说，如果这个位置的配重被炸了，由于要保持与地球同步，在 90000km 高度运行的速度是很大的，大约为 7.03km/s。但在这个高度下，物体实现无动力环绕所需的速度很低，大概只有 2.1km/s。当配重被炸掉后，失去了缆索的束缚，它就会在 7.03km/s 这个速度的作用下，朝着远离地球的方向飞出去。这是因为**此时离心力超过了引力。**实际上，判断物体是飞出去还是掉下来，我们只要和 36000km 这个同步轨道作比较就行了。比 36000km 高的轨道，物体就会飞出去；比 36000km 低的轨道，物体就会掉下来。电影中的空间站是掉下来的，由此可以推断，它的轨道必定低于 36000km。如果空间站恰好在 36000km 的轨道上，那么它飞出去和掉下来这两种情况都有可能发生。

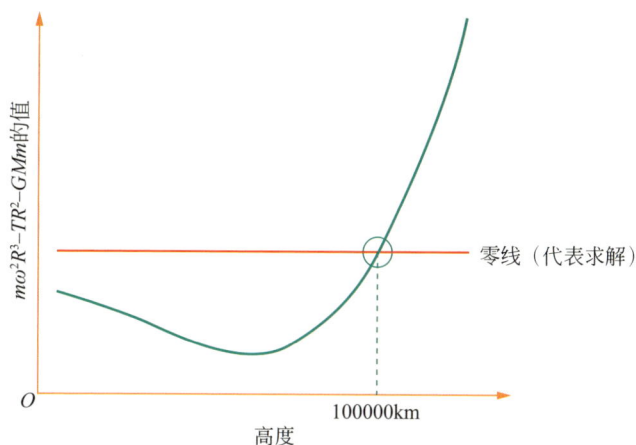

图中纵轴为 $mo^2R^3-TR^2-GMm$ 的值，横轴为高度。

交点在 100000km 附近，需要扣除地球半径

通过这样的分析，你是不是感觉太空电梯背后的科学知识既有趣又深奥呢？不妨思考一下，如果改变配重的质量或者拉扯力的大小，轨道高度又会发生怎样的变化呢？

太空电梯：配重与拉力对轨道高度的奇妙影响

在探索太空电梯的奥秘时，配重的质量和缆索的拉扯力对轨道高度有着至关重要的影响。

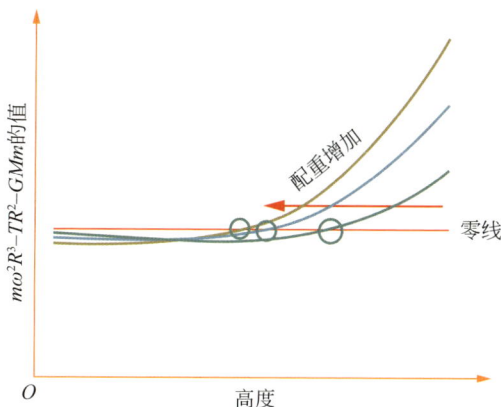

随着配重质量的增加，曲线与零线的交点越来越靠左

先来说说配重质量的影响。假设拉扯力 T 固定为 500kN，当我们改变配重质量时，会发现一个有趣的现象。随着配重质量逐渐增加，代表轨道高度

的函数曲线与零线的**交点越来越靠左**。这意味着，配重越重，太空电梯配重所处的轨道高度就越低。反之，如果配重太轻，如只有 100t，曲线与零线的交点就会非常遥远，此时轨道高度差不多达到 100 万 km。这样的高度在现实中几乎没有可操作性，也失去了实际意义。

再看看拉扯力对轨道高度的作用。这次我们假设配重为 1000t 保持不变。这里的拉扯力，实际上代表着除配重外，太空电梯的结构自重。很明显，这个拉扯力越小越好，因为这意味着结构自重越轻，太空电梯就能搭载更多的有效载荷。从函数图形上分析，拉扯力越大，曲线与零线的交点就越靠右，也就是**轨道高度变得更远**。当拉扯力达到 1000kN 时，轨道高度接近 20 万 km。所以，降低拉扯力不仅能增加有效载荷，还可以降低轨道高度。最理想的状态，就是没有拉扯力，这时太空电梯的轨道就变成了静止轨道。

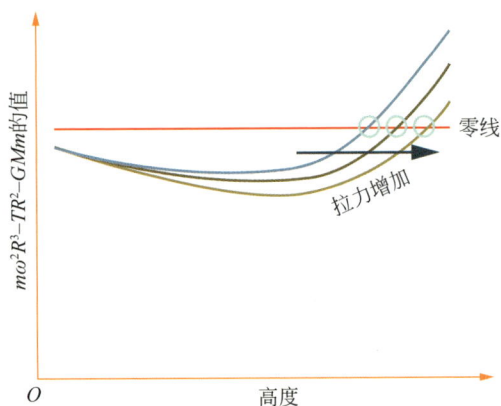

拉力越大，交点越向右

还有一个神奇的现象，大家可能都好奇电梯厢上升和下降靠的是什么能量。其实，**36000km 是一个关键的门槛**。在上升阶段，如果电梯厢低于这个高度，就必须依靠额外的动力才能上升。然而，一旦超过这个高度，电梯厢就可以完全依靠"惯性"，不需要其他能量，一路飞到配重的位置。下降阶段也是类似的原理，从配重出发，在到达 36000km 之前，需要额外动力来控制下降速度；而一旦低于这个高度，依靠重力就足以让电梯厢顺利下降。**36000km 就像是一个平衡点，将太空电梯的能量需求一分为二。**

5

翻船沉沦，流固耦合水之道

🎞 影视背景

在《阿凡达》构建的奇幻潘多拉星球上，人类与纳美人的命运纠葛深深吸引着我们。到了《阿凡达 2》，精彩升级，不仅有变幻莫测、深邃无垠的水下世界，更有激烈震撼的海战场面。其中，一艘大船在双方激战后走向沉没的片段，尤为引人注目。

在《阿凡达 2》激动人心的剧情尾声，有一场惊心动魄的双方激战。在枪林弹雨与汹涌波涛中，一艘大船逐渐失去平衡，走向沉没。电影里，它并非是直直地沉入海底，而是以一种独特的方式——船体翻转后，缓缓没入大海深处。这一画面，无疑给观众带来了强烈的视觉冲击，让大家沉浸在紧张刺激的氛围中。

💬 提出问题

当大家看到这一幕时，不知道有没有在脑海里打个问号：为什么船要翻过来才沉下去呢？这仅仅是导演为了制造震撼效果的艺术加工，还是背后有着科学依据呢？卡梅隆作为著名导演，他的作品往往在追求视觉奇观的同时，也注重一定的科学性。那么这次的沉船翻转设定，到底是否违背力学原理呢？一艘船在水中，受到重力、浮力等多种力的相互作用。船身的结构、内部物品的分布以及船在遭受攻击时的破损位置和程度，都会影响它在沉没过程中的姿态。大家不妨开动脑筋想一想，从力学的角度出发，有哪些因素会导致船在沉没时发生翻转呢？

翻船

📖 基础知识

船的沉浮原理：从不倒翁到《阿凡达 2》中的神秘舰船

大家有没有好奇过，为什么船能稳稳地浮在水面上，而不会轻易翻倒呢？其实，船的沉浮原理和我们小时候玩过的不倒翁有着异曲同工之妙。

不倒翁之所以怎么推都能自己立起来，是因为它的**重心很低**，同时桌面给它的支持力位置可以灵活移动。当不倒翁倾斜时，重力就会产生一个让它**恢复直立的力矩**，让它重新回到平衡状态。船在水面上也是类似的道理，只不过对于船来说，浮力就相当于不倒翁的桌面支持力。船的浮心位置会随着船体入水部分形状的改变而变化，使得重力始终能产生恢复力矩，让船保持稳定。

现在，我们结合下面这张图进一步理解。图中有 2 个点，靠上的点 G 代表船的重心位置，靠右的点 B 是浮心位置。当一阵狂风从左侧吹来时，轮船会向右倾倒。在这个过程中，船的重心位置 G′ 基本保持不变，浮心位置 B′ 却因为船体入水部分形状的改变而发生了移动，移到了原来的 B 点的右侧。此时，我们以新位置 B′ 为矩心来看，**重力矩的方向恰好与轮船倾倒的方向相反**，它就像有一只无形的手，自动产生了一个恢复力矩，努力让轮船回到平稳的状态，这和不倒翁的原理如出一辙。

不过，船和不倒翁还是有区别的。不倒翁的支持力可以在接触面上的任意位置，而船的浮心偏移范围是有限的，它只能在船底轮廓所限定的范围内移动。这就意味着，如果船的倾倒角度太大，或者船因为超载等原因重心 G''过高，浮心 B'' 产生的恢复力矩可能就不足以让船恢复平衡，船就有翻倒的危险。

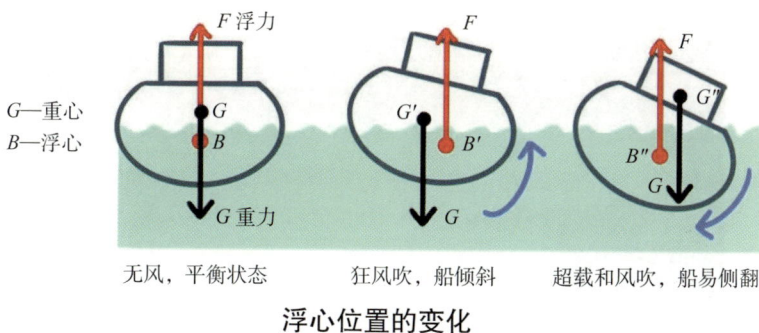

浮心位置的变化

从上面这些原理我们可以知道，船是否容易翻倒，关键在于浮心的位置。那怎样才能提升船的稳定性呢？答案是尽可能地**扩大浮心可偏移的距离**，简单来说，就是把船底做得越大越好。想象一下，在同等条件下，一艘又窄又长的船和一艘又宽又胖的船，哪艘更容易倾倒呢？很明显，狭长的船由于浮心可偏移的范围相对较小，所以更加容易发生倾倒。

类似水之道里的宽体船

《阿凡达2：水之道》里那艘独特的船，它看起来宽胖宽胖的，和我们平常见到的船很不一样。这艘船的长宽比非常接近，可能是因为它具备海空两用的功能，船的两侧还有巨大的侧翼，使得它整体的横向尺寸甚至比纵向还要大。而且，相较于它的长度、宽度，船的整体高度偏小。这样的一艘船浮在海面上，就像一片树叶轻盈地随波逐流。无论海面的风浪有多大，就像树叶总能横卧在水面上一样，它也能保持相对稳定。当然，在现实中，再坚固的船也有它的极限，就像树叶也可能被大风吹翻一样。

扁平荷叶不易翻

通过这些有趣的知识，我们是不是对船的沉浮原理有了更深刻的认识呢？下次再看到船的时候，不妨仔细观察一下，看看它的形状和结构是如何影响它在水面上的稳定性的。

🧑 力学解释

复杂船舱与船只翻身：《阿凡达2》的科学细节

在日常生活中，我们见到的普通船只，如渔船，当船底出现漏水情况时，大多只是缓缓下沉，很少会底朝天侧翻过来。通常，那些翻倒的小船，要么是被大风吹翻，要么是人为造成的。然而在电影中，导演卡梅隆精心设计了一艘树叶状船只的沉船画面，它多了一个翻身的动作。这一设计，不仅让画面更加震撼酷炫，从科学角度看，其实还符合力学原理。

先说说渔船这种结构简单的船只沉没时的情况。由于渔船没有复杂的船舱构造，一旦船底漏水，海水会顺着漏洞逐渐灌满整个船舱。在这个过程中，进水速度有限，船身各个部分受到的力比较均匀、稳定，所以一般都是正着慢慢下沉。

但当船只的船舱结构复杂时，情况就大不相同了。就像电影里那艘船，在剧情中它高速冲向礁石，船底右侧被划破，海水迅速涌入舱底。随着海水不断灌入，船开始下沉并且发生倾斜。这时候，船只整体的结构重力没有改变，重心位置也基本保持不变，可是浮力因为海水的进入而逐渐变小，而且浮力的作用点也朝着船身下沉的一端移动。船只原本的结构重力会产生一个恢复力矩，试图阻止船身侧翻。然而，因为下沉一端不断涌入海水，变得越来越重，结构重力根本无法将船身重新扶正。并且，随着时间推移，这一端会愈发沉重。

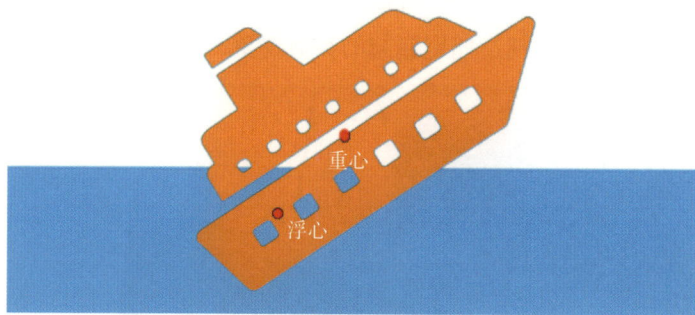

沉入端越来越重

另外，由于船舱结构复杂，**海水不可能同时灌满每一个船舱**。船身下沉的一端，因为倾斜的缘故，位置较低的船舱会先被水灌满，而上面的船舱已经处于水平面以下，但由于注水需要时间，暂时还是空的。**这些空的船舱就会产生向上的浮力**。于是，在水下部分，重力作用在下方，浮力作用在上方，而且重力大于浮力。在这两个力的共同作用下，船身会逐渐发生变化，当达到临界状态时，船身会变成竖直方向，也就是完全直立起来。不过，这种直立状态并不稳定，海水还在持续注入，就像是一直对船身进行干扰。再加上船身直立过程中产生的惯性，会让它顺着原来倾斜的方向继续偏转，最终就出现船只翻身的现象。

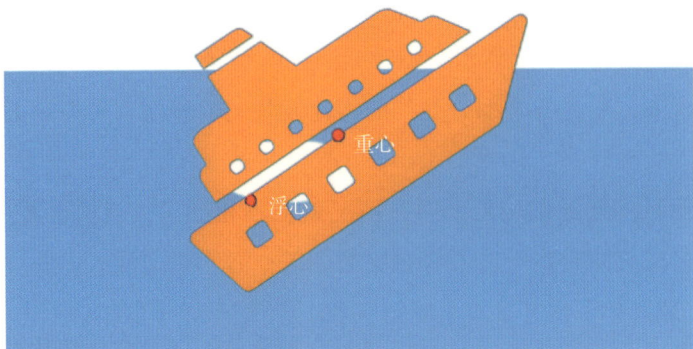

水下空腔产生浮力

　　要是这个过程非常缓慢，船身可能只会有轻微的倾斜，根本看不到直立和翻身的情况。但在电影里，船底破口较大，进水水流湍急，船只沉没的过程比较剧烈，所以才会出现这样震撼的翻身画面。其实，当年卡梅隆执导的《泰坦尼克号》中，也出现过船尾翘起的类似现象，背后同样蕴含着力学知识。

泰坦尼克号的沉没

6

高压极限，公交翻飞又开端

📅 影视背景

2022 年，一部现象级热播剧《开端》成功抓住了无数观众的心。故事围绕着男女主角展开，他们意外陷入了一场离奇的时间循环。在这循环之中，公交车爆炸的厄运不断降临，为了打破循环，摆脱这无尽的噩梦，男主和女主拼尽全力探寻爆炸的真相。

对于男主和女主而言，每一次循环都是一次新的尝试，他们带着之前循环的记忆，不断寻找破局之法。然而，对于车上的其他乘客以及周围的人来说，每一次经历都仿佛是第一次，毫无预知。从科学设定的角度来讲，这就像是男主和女主一次次重置了时空，重复着之前的故事。

整个剧情时间线交错复杂，在长达 20 多次的循环里，每一次爆炸都带来了惨痛的伤亡，场面惊心动魄。前期，看似是公交车因避让不及撞上油罐车，引发了剧烈的爆炸；后期，爆炸的"元凶"显露，为定时炸弹，在 1 点 45 分准时引爆，每一次爆炸都释放出巨大的威力。

💬 提出问题

在剧中，后期的爆炸主要源于高压锅炸弹。当我们看到这些爆炸场景时，有没有想过高压锅爆炸背后的力学原理呢？从力学角度来看，高压锅是一个密封的容器，当内部的压力超过它所能承受的极限时，就会发生爆炸。爆炸瞬间，内部被压缩的气体迅速膨胀，产生强大的冲击力。但是，高压锅毕竟不是炸弹，它的爆炸威力真的有那么大，能够炸翻整个公交车？

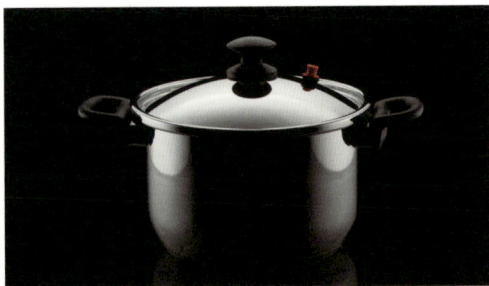

生活中的一款高压锅

　　大家不妨开动脑筋，从力学的知识出发，思考这些有趣的问题，也许你会发现科学与生活、影视之间千丝万缕的联系。

力学解释

爆炸一：与油罐车相撞引发的连锁反应

　　在《开端》这部剧中，早期曾出现过几次令人印象深刻的爆炸场景。故事中，李诗情的一些行为使得公交车发车时间有所延迟，当公交车行驶至某一路段时，恰好遇到横穿马路的外卖小哥，为了躲避小哥，公交车不幸撞上了油罐车，进而引发了剧烈的爆炸。在这几次碰撞引发的爆炸中，威力极其巨大，如在第 6 次循环里，爆炸的冲击力甚至波及了后面隔着一辆车正在等待出租车的男主。

　　从科学常识的角度来看，油罐车通常装载着易燃的油品，的确存在爆炸的风险。然而，油罐车本身有着较为完善的安全设计，它是密封的，并且配备有导出静电的装置，正常情况下，**单纯的撞击并不容易使油罐车发生爆炸**。一般而言，此类车祸导致的爆炸，往往是在燃油泄漏后，遇到火花等火源才会引发。但在剧中，却是在公交车与油罐车撞击的瞬间就突然爆炸了。相信不少人在刚开始看到这一幕时，可能会觉得这与自己所了解的科学知识不符，甚至会认为这是一个"漏洞"。

　　不过，随着剧情的不断推进，我们才恍然大悟，原来真正引发爆炸的并非仅仅是撞击。当时，"锅姨"发现公交车即将撞车，便提前引爆炸弹，而在炸弹爆炸产生的强大冲击力等作用下，油罐车被二次引爆，这才形成了我们看到的巨大爆炸场面。

等待出租车的男主被炸，爆炸威力是否太过了？

爆炸二：高压锅引发的爆炸危机

《开端》剧情发展到后期，那令人胆寒的罪魁祸首终于现形，"锅姨"带着一个装有自制定时炸弹的高压锅登上了 45 路公交车。你们知道吗，普通的高压锅要是质量不过关，其实也存在一定的安全隐患。在网络上搜索一下，就能看到不少高压锅爆炸的新闻报道。

普通高压锅使用时为什么会爆炸呢？这得从它的工作原理说起。高压锅内部几乎是一个完全密封的空间，在外部持续加热的过程中，锅内的气体不断膨胀，压力也就随之不断升高。想象一下，这就好比一个不断充气的气球，当内部压强达到一定程度，而某个局部的承受能力较弱时，就会像气球一样"嘭"的一声，从这个薄弱部位炸开。正常情况下，经过严格测试的合格高压锅，能够承受 80~100kPa 的压强差，这相当于锅内最高能达到 2 个大气压。为了防止锅内压强过高引发危险，高压锅顶部通常会安装一个泄压阀。一旦内部压强超过设计值，泄压阀就会被顶开，将锅内能量释放出去。所以说，只要是质量合格的高压锅，一般是不会发生爆炸的。

然而，剧中的"锅姨"可不是一般人。她曾是化学老师，离职后又在化工厂工作，凭借着专业知识和工作便利获取化学原料的条件，制作炸弹对她来说并非难事，甚至她还突破了常规知识，给炸弹装上了定时装置。

要是换成正常的高压锅爆炸，威力究竟有多大呢？有一则新闻报道，某个高压锅爆炸时，锅盖被炸飞到了 7~8m 的高空，而这个锅盖大约 250g。通过计算，将锅盖顶飞所需要的能量大概是 20J，要是再算上克服空气阻力消耗的能量，差不多要有 40J。爆炸能量是向四面八方扩散的，所以总的爆炸能量估计在 100J 左右，这大概相当于 24mg TNT 炸药的威力。100J 的爆炸能量，差不多和我们常见的"震天雷"鞭炮威力相当。由此可见，正常的高压锅爆炸，能量比较小，杀伤力也相对有限。

在剧中，张警官抱着高压锅跑到桥边的爆炸场景十分清晰。当时，公交车距离爆炸点大概有两个车道，也就是 7~8m 远，车内人员得以幸存。距离稍近的人受到爆炸冲击波的影响，倒在地上，但也都没有生命危险。从画面呈现的效果来看，这次爆炸的威力差不多相当于一枚手榴弹。

手榴弹

不过，这个高压锅炸弹的威力实际上还是比不上真正的手榴弹。因为高压锅最薄弱的地方是锅盖和锅身的接缝处，当爆炸发生时，锅盖肯定会最先被炸飞，这一下子就会释放大量的能量，而且能量释放的方向比较集中。剩余的能量作用在锅身上，当锅身承受不住时才会炸裂。相对而言，**锅身的另一侧就成了安全的区域**。所以张警官在抱起高压锅的时候，如果把锅底对着自己，受到的伤害就会小一些。当然，这次爆炸是在空旷的空间中发生的。要是在公交车内爆炸，由于空间狭小，释放的能量较为集中，杀伤力肯定会大幅提升。

通过对剧中高压锅爆炸的分析，是不是发现科学知识无处不在？以后再看到类似的场景，就能用学到的知识去解读啦！

7

美轮美奂，老子灯楼有瑕疵

🏛 影视背景

在众多精彩的影视剧中，常常会有一些令人印象深刻的场景和建筑物，它们不仅为剧情增添魅力，还可能引发我们对一些知识的思考。接下来，我们聊聊《长安十二时辰》中的一个重要场景——灯楼。

在《长安十二时辰》中，灯楼是贯穿整个故事的重要标志。周一围饰演的龙波（萧规）最初的目标便是那座高达 150 尺（50m）的老子造型灯楼。从狼卫进入长安，运送和制作阙勒霍多（炸药），到意外爆破狼卫据点抓住狼卫，再到何孚装傻雇用龙波利用阙勒霍多袭击右相林九郎以及右相与太子之间的党派之争，剧情逐步深入推进。直到最后，阙勒霍多的真正载体——上元节灯楼，才慢慢露出真面目。

古代建筑效果图

张小敬通过龙波留下的一小片竹片，最终查明阙勒霍多就在灯楼的麒麟臂中，原来龙波一伙打算把这座上元节标志的老子造型灯楼变成一颗巨型炸弹。这座灯楼主体结构是毛竹，依靠水力启动，启动后孔明灯会飞出，老子头像显现，同时 12 根麒麟臂伸展开来，景象美轮美奂。

💬 提出问题

剧中这座美轮美奂的灯楼，有着独特的造型和精巧的设计，还承载着推动剧情的重要作用。但从科学和实际的角度来看，剧情中展现出来的灯楼细节结构，是否真的合理呢？这或许值得大家去思考一番。

📖 基础知识

探秘《长安十二时辰》灯楼：从建筑奇观到科学解读

在《长安十二时辰》构建的盛唐世界里，那座高达 50m 的老子造型灯楼，宛如一颗璀璨的明珠，散发着神秘而迷人的魅力。它不仅是剧情发展的关键线索，更是一座充满科技与艺术气息的建筑奇观。当我们沉浸在剧中紧张刺激的情节时，不妨也深入探究一下这座灯楼背后的科学奥秘。

在古代，高楼建筑极为罕见，唯有塔能与这座灯楼的高度相媲美。例如，著名的北宋雷峰塔，总高约 70m，其中塔身就有 45.8m。这些高层建筑都需要一个庞大坚实的基座来支撑自身巨大的重量。历史上，盛唐时期的花萼楼，作为皇家专用楼阁，总高度达 35.3m，大约相当于 12 层楼的高度。在没有电梯的古代，人们要爬楼梯约 30m 才能到达顶楼，这对于影片中年迈的圣人来说，无疑是一项巨大的挑战。

剧中的灯楼与花萼楼的高度对比十分有趣。从某个角度看，灯楼略高于花萼楼，若灯楼总高度为 50m，似乎也合情合理。然而，剧中灯楼的设计方——北斗工作室给出的灯楼总高度图显示为 70m，这可是对面花萼楼高度的 2 倍。从剧情画面呈现的效果来看，这样的高度设定明显不太合适。其实，

古代的塔楼效果图

北斗工作室提供的 70m 高度，可能是为了更全面地展示灯楼内部结构，而给出的一个他们自认为合理的数据。但对于剧中的设计者毛顺而言，肯定不会设计如此高的灯楼，毕竟花萼楼的高度就摆在那里，在实际的建筑规制和审美考量下，过高的灯楼并不符合当时的情况。

灯楼的主体结构采用毛竹，这在剧中清晰可见。毛竹这种材料有着独特的力学性能，它轻而坚韧，在建筑领域的应用极为广泛。早期的脚手架大多用毛竹搭建，后来才逐渐被钢管取代。在盛唐时期，要建造 50m 高的纯钢管结构建筑几乎是不可能的，所以毛竹成了建造灯楼的最佳材料，而且它的中空结构还恰好可以用来装填阙勒霍多。

毛竹结构的房子

随着灯楼高度的增加，其自身重量也随之增大，底部承受的压力自然最大。因此在剧中，我们可以看到灯楼底部并非用毛竹搭建，而是采用砖石建筑。砖石的承压能力要远远强于毛竹，灯楼底部的两层（大约10m）为砖石结构，**上层毛竹结构的重量都由这两层砖石来承担**。灯楼内部还有四根由毛竹制成的支柱，这些支柱内部灌满了阙勒霍多，它们从底部一直延伸到顶部，同时也分担着部分上部毛竹结构的自重。

除主体结构的毛竹外，为了让灯楼更加美观，其外部还有大量装饰。例如，下部的荷花、中部的青山、顶部的祥云和老子造型。这些装饰并不承担承重任务，为了减轻整体结构的质量，它们采用竹条编织出外形框架，再用布蒙上。

通过对《长安十二时辰》中灯楼的探究，大家是不是发现，原来一部精彩的影视剧背后，还隐藏着这么多有趣的科学知识呢？当你再次观看这部剧时，不妨用这些知识去解读灯楼的每一处细节，也许会有不一样的收获。

灯楼的动力机构：传统智慧与设计瑕疵

在毛顺设计的这座巧夺天工的灯楼里，众多活动装置，尤其是麒麟臂的伸展，都离不开动力的支持。在那个缺少电力的古代，动力来源除人力外，就只有水力较为可行。在剧中，张小敬通过水路潜入灯楼内部，被路人甲所救。路人甲指着一个大转轮向张小敬介绍，整个灯楼造价高达400万钱，而这个大转轮及其背后的整套动力传输系统，就占了大半的费用。

灯楼的总动力机构

灯楼的动力运作是这样实现的。由闸门控制水流，水流冲击推动总动力机构的大轮，大轮通过齿轮、链条等传动机构，将动力源源不断地向上传输至麒麟臂等装置，从而保障整座灯楼的正常运转。在剧中，我们能看到大量关于齿轮的镜头，各种各样的齿轮相互配合，实现着不同的传动功能。值得称赞的是，剧组非常用心地设计了一组齿轮，用来实现**锥齿轮**改变动力方向的功能，通过巧妙的机械结构，让动力能够按照设计的路径传递，这也让我们得以一窥古代机械传动的精妙之处。

不过，剧组对齿轮的设计上，也存在一个明显的疏忽。在现代工业中，为了减轻自重，在直齿轮上开孔是很常见的做法。但如果像剧中那样，将孔开成 1/4 圆孔，是完全不可行的。这样的齿轮在工作时，孔洞的尖角处会产生极大的**应力集中**，在持续的运转过程中，这个部位很快就会损坏，所以这种设计的齿轮根本无法长时间稳定工作。

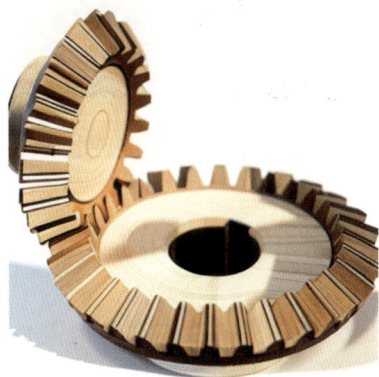

锥齿轮功能　　　　　　　实际不会出现这种开孔的直齿轮

灯楼运作时，还有一个看似酷炫却不实用的设计，那就是到处"飞行"的火球。在灯楼启动后，火球四处滚动，试图触发机关，推动人马雕像前进。从力学原理讲，火球所具备的能量是有限的，它或许能够触发一些简单的机关，但想要推动雕像这样较重的物体前进，其能量是远远不够的。而且，火球的滚动轨迹和速度难以精确控制，可控性较差，很容易出现失误。实际上，人马雕像的前进以及麒麟臂的伸展，真正依靠的还是主动力系统通过带传动驱动。

👩‍🔬 力学解释

探秘灯楼麒麟臂：力学原理与设计细节

在《长安十二时辰》构建的那个危机四伏又充满古韵的世界里，老子造型灯楼的麒麟臂无疑是一大关键元素，它不仅是推动剧情发展的重要线索，其背后的力学设计更是蕴含着诸多值得探究的奥秘。

张小敬凭借一片毛竹碎片，找来匠人复原出麒麟臂的拼接图，这一情节可谓揭开了灯楼神秘面纱的一角。实际上，这种毛竹拼接方式并非仅用于麒麟臂，为了延长杆件长度，整个灯楼结构都广泛采用了这种拼接工艺。从拼接结构看，人们将两根毛竹加工成相互卡扣的形状，再用方形插销防止错位。这种拼接

麒麟臂的拼接处

方式与古代木匠的榫卯结构有着异曲同工之妙，在当时的技术条件下，确实是一种颇为巧妙且实用的固定方式。

不过，这种拼接方式也存在一些**不足之处**。榫卯结构常见于实心木头，而竹子是空心的，真正承受外力的只有竹子的那层薄壁。这就导致麒麟臂在受力方面存在一定局限，如果承受的外力过大，竹子就容易裂开。虽然在现实中，通过在外圈缠绕布条可以显著提高竹子的承受能力，但遗憾的是，剧中并未展现这一增强竹子受力的措施。

这种拼接方式存在弱点，但可以通过多根麒麟臂叠加来增强整体的承受能力。然而，剧中却出现了一个明显不合理的地方。仔细观察可以发现，捆绑的麒麟臂**拼接位置竟然全部集中在一处**。

从力学原理角度深入分析，麒麟臂的主要作用是将代表十二天尊的阁楼伸出，此时麒麟臂基本处于悬空的水平状态。我们可以将其简化为一个力学模型，左端与灯楼主体连接，为了便于分析，我们把它看作固定支座（实际上是固定铰链）；右端连接阁楼，可简化为一个向下的作用力。这样一来，整根麒麟臂相当于**一根梁**。在这种受力情况下，作为梁的麒麟臂，上部分承受

拉力，下部分承受压力。而在毛竹拼接的部位，由于开了孔，不可避免地会产生**应力集中**现象，拼接区域就成了梁的薄弱环节。剧中将所有拼接区集中在一个横截面上，这无疑极大地削弱了麒麟臂的承载能力。

如果想要优化麒麟臂的设计，使其更加符合力学原理，有以下3个关键要点：①毛竹的插销（定位）孔应尽量设计成**圆滑的形状**，而不要像剧中那样做成方形，这样可以有效减小应力集中；②在毛竹外层**缠绕布条**，以此提高毛竹在垂直纤维方向的强度；③每一根毛竹的拼接区都应保持一定的距离，将梁的**薄弱环节尽可能地分散开**。

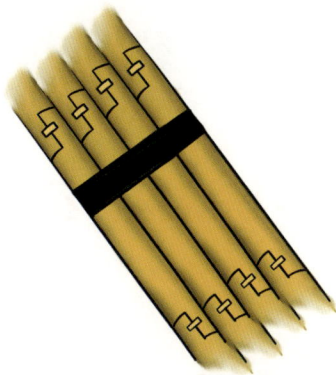

麒麟臂拼接集于一处，降低整体强度

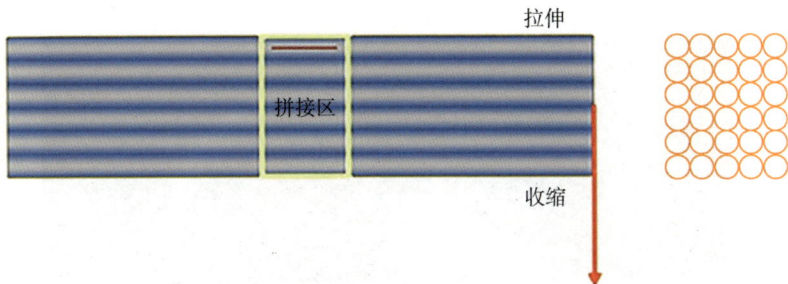

麒麟臂力学简图

总体而言，《长安十二时辰》的细节之处广受赞誉，精心设计刻画的老子造型灯楼更是美轮美奂。灯楼选用的毛竹材料，既轻便又具备一定的结构强度，是制造灯楼的理想之选。灯楼的总体结构有诸多可圈可点之处，基本遵循了力学的设计准则，在结构强度方面也有一定保障。但不可否认的是，在某些细节上，确实存在违背力学原理的情况。

通过对灯楼麒麟臂的深入剖析，大家看到了科学知识在影视创作中的重要性。这不仅让我们对剧中的奇妙建筑有了更深刻的理解，也启发我们在生活中要用科学的眼光去观察和思考。下次再观看这部剧时，你是不是会有不一样的发现呢？

8

逐梦星垠，行星引擎推月困

🎬 影视背景

2019 年，一部《流浪地球》横空出世，它以震撼的视觉效果和精彩的科幻设定，被誉为开启了中国科幻电影元年。在这部影片构建的末日世界里，太阳即将毁灭，人类为了延续文明，做出了一个惊世骇俗的决定——带着地球离开太阳系。

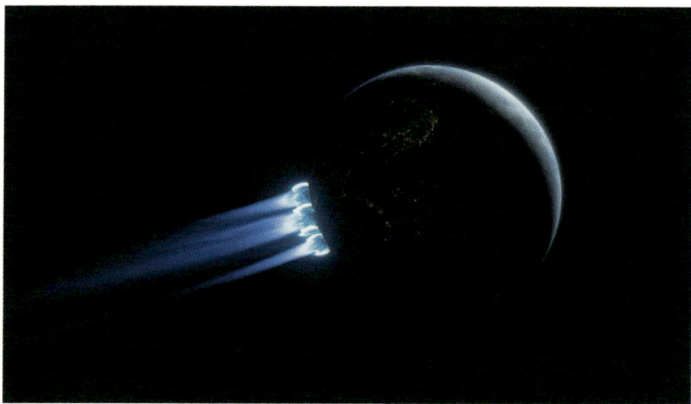

流浪地球假想图

在这个充满挑战的流浪地球计划中，月球却成了一个棘手的"累赘"。按照小说情节，地球在逃离太阳系的过程中需要不断加速。而在加速时，一系列问题接踵而至。一方面，地球加速，可月球仍保持原来的速度，这样一来，地月轨道必然逐渐接近，原有的月球轨道被破坏。地球引力逐渐超出月球的离心力，月球就会被地球吸引而相互靠近，最终可能导致两者碰撞。另一方面，即便人类耗费巨大精力，在月球上安装发动机，让月球与地球加速保持一致，也将额外消耗大量珍贵的资源，从整个流浪地球计划的资源分配和成本效益看，实在得不偿失。所以，在电影中，人类最终不得已选择了用核弹摧毁月球，为地球的流浪之路扫除障碍。

💬 提出问题

当看到电影里人类为了地球顺利流浪而炸毁月球的情节时，大家心中是否会闪过这样的疑问：难道就不能不炸月亮吗？要知道，月亮在人类文化长河中有着举足轻重的地位，古往今来，无数文人墨客为它留下了脍炙人口的诗篇，它承载着深厚的文化寄托。

倘若不炸毁月球，按照流浪地球的设定，就只能借助行星发动机将月球移除了。这看似简单的设想，背后却隐藏着诸多复杂的力学问题。接下来，就让我们一起深入思考，探索这些奇妙又烧脑的科学奥秘。

🗐 基础知识

行星发动机：推力传递与力学解析

在科幻巨制《流浪地球》中，行星发动机堪称人类智慧与勇气的结晶。这些高达 11000m 的超级引擎，每一台都能产生 150 亿 t 的强大推力，肩负着推动地球逃离太阳系的艰巨使命。

行星发动机的构造精巧复杂，分为上下两层。上层与下层通过 6 个斜支撑相连，下层是一个大圆，中间由圆柱形结构连接。这样独特的设计，使得上层的 6 个斜支撑能够巧妙地分散一部分推力，剩余的推力则由中间圆柱层承担。通过这种方式，发动机的推力得以更合理地分布和传递。

我们结合受力分析图来看，F_t 代表喷射口的推力，也就是行星发动机产生的总推力。这股强大的推力通过发动机结构，分别传递到 6 个斜柱，记为 $F_1 \sim F_6$，剩余的推力 F_7 则经由中间圆柱传递至地面。根据**力学平衡原理**，存

行星发动机结构示意图

在这样的关系：所有力的矢量[①]和为零，即发动机推力在各个方向上的分力相互平衡，最终确保发动机稳定工作，并且推力能够顺利传递到地面。

已知发动机高度为 1.1×10^4m，从发动机的外观图可以估算出其地面直径约 4×10^4m，由此可算出底部面积约为 $4\pi \times 10^8$m²。假设发动机底部均匀受力，通过计算可以得出地面承受的分布力 q=1.2MPa。这个数值看似不大，但实际上，由于发动机的特殊结构，底部受力并不均匀，局部地区所承受的压力远大于这个平均值。

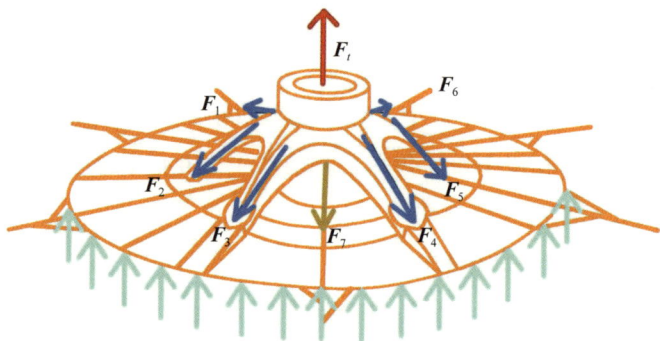

行星发动机受力图

在实际情况中，斜柱和中间圆柱的根部是主要的受力部位。为了便于分析，我们做一个简单假设：80%的推力通过中间圆柱传递，20%的推力通过

---

① 矢量，有大小、有方向的物理量。

斜柱传递。基于这个假设，若中间圆柱为中空结构，内外半径分别为 2.5km 和 2km，可以算出其根部的应力约为 169.8MPa；斜柱同样假设为中空圆柱，内外半径分别为 500m 和 300m，其根部应力约为 597MPa。值得一提的是，现实中部分材料是能够承受这样的应力的，这也从侧面反映出，虽然行星发动机的设计充满科幻色彩，但在力学原理上并非完全脱离实际。

通过对行星发动机推力传递的分析，大家是不是感受到科幻与科学之间紧密的联系呢？不妨思考一下，如果要进一步优化行星发动机的结构，让它的受力更均匀、效率更高，你会从哪些方面入手呢？

🧑 力学解释

月球的"离别之旅"：流浪月球中的强度奥秘

对于行星发动机而言，我们可以通过一些手段来满足其结构静强度要求，像增大受力部件横截面积，或者选用高强度材料，如高强度钢等。然而，月岩的强度属性是既定的。不同类型的月岩，抗压强度有所不同，较为坚固的月岩，抗压强度能达到 113MPa，这相较于前面计算得出的行星发动机中间圆柱根部约 169.8MPa、斜柱根部约 597MPa 的应力值，要低不少。

不过，这两个数据不能直接进行比较，因为接触位置的应力并非连续。月岩的弹性模量大的可达 11.7×10^4MPa，混凝土的弹性模量为 3.8×10^4MPa，在接触处**力是连续的**。实际的应力计算需要借助有限元方法。按照混凝土和

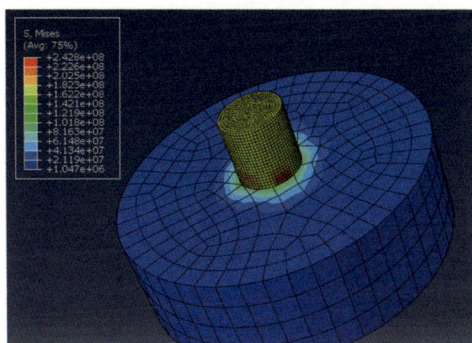

简单算例

岩石设置的接触仿真算例，上表面载荷为 300MPa，下表面固定，从图中可以看到，应力值较大的区域在与岩石接触的混凝土上，而岩石本身的应力相对没那么大。由此可以推断，若为坚硬的月岩，是有能力承受住行星发动机推力的。

月球的"离别之旅"：流浪月球中的运动奥秘

月球的质量为 7.349×10^{22}kg，直径达 3476.28km，它以平均公转速度 1.023km/s 围绕地球旋转。地球的逃逸速度是 11.2km/s，但这是从地球表面发射物体需要达到的速度。月球处在距离地球约 38 万 km 的轨道上，根据机械能守恒定律进行计算，在月球所处轨道上，它要摆脱地球引力束缚，所需的**逃逸速度为 1.44km/s**。

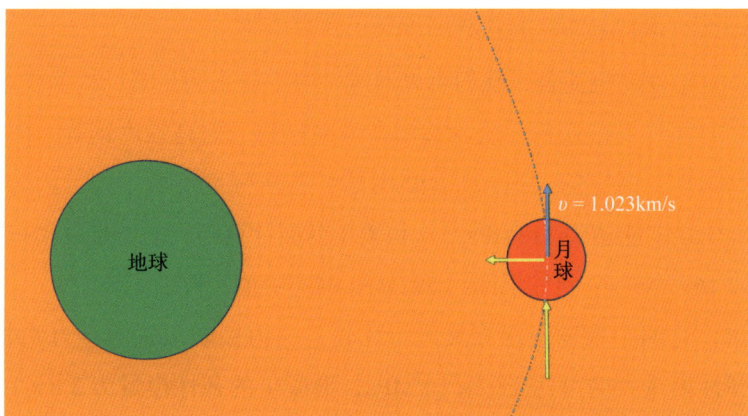

月球受力

假设使用行星发动机推动月球，发动机的推力方向沿着月球速度方向的反向，也就是与月球轨道相切。已知单个行星发动机能产生 2×10^{-8}m/s² 的加速度。从理论计算的角度看，以这样的加速度，要将月球加速到 1.44km/s，需要的时间约为 0.7 年，换算下来约为 255 天。

这个加速度非常小，不过只要持续施加动力，在约 255 天后，关闭发动机，月球就能成功摆脱地球引力，永远离开地球轨道，开启属于它自己的"流浪"旅程。

9

洛希极限，天体撕裂大揭秘

📅 影视背景

在《流浪地球》这部扣人心弦的科幻巨作中，人类为了逃离太阳系的末日危机，开启了宏伟的"流浪地球"计划。然而，在计划执行过程中，意外发生了。由于行星发动机突然熄火，地球失去了前进的动力，逐渐被强大的木星引力所吸引。电影中认为这是一个极其危险的状况，因为一旦地球过于靠近木星，穿过某个特定的距离——洛希极限，地球将面临分解的可怕结局。

💬 提出问题

提到洛希极限，就不得不说起它的发现者——法国人爱德华·艾伯特·洛希。他是一位活跃在 19 世纪中期的杰出数学家和天文学家，除洛希极限外，他还在天文学领域留下了洛希球、洛希瓣等重要成果。

那么，什么是洛希极限呢？从力学角度看，它是如何决定地球命运的呢？大家不妨思考一下，两个天体之间的引力相互作用，究竟有着怎样复杂而神奇的规律，才会产生这样一个能让地球面临分解的临界距离？这背后又涉及哪些力学原理呢？当我们深入思考这些问题，或许就能更深刻地理解宇宙的奥秘以及科幻作品背后的科学魅力。

基础知识

引潮力：撕裂天体的元凶

在浩瀚的宇宙中，存在着各种各样的天体，当我们考虑两个天体，一个大一个小，小天体围绕大天体运动时，为了把情况分析得更全面、更具普遍性，我们假设小天体受到大天体的吸引，正沿着螺旋状的轨迹逐渐坠向大天体。

坠落的一般轨迹

现在，让我们把目光聚焦在小天体的表面，这里有物体 A 和物体 B。依据理论力学的知识，我们很容易画出物体 A 和 B 的受力图。在这个过程中，小天体的加速度可分解为法向加速度和切向加速度。

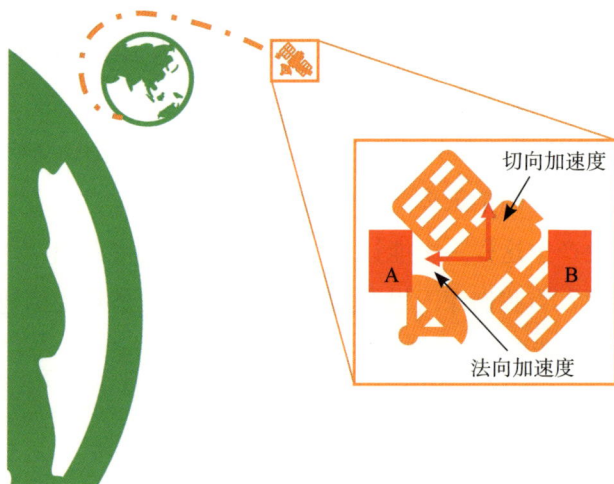

小天体加速度的分解

那么，小天体表面的物体都会受到哪些力的作用呢？它们会分别受到来自大天体和小天体的引力，还会受到加速度存在导致的惯性力，当然，还有天体表面给它们的支撑力。

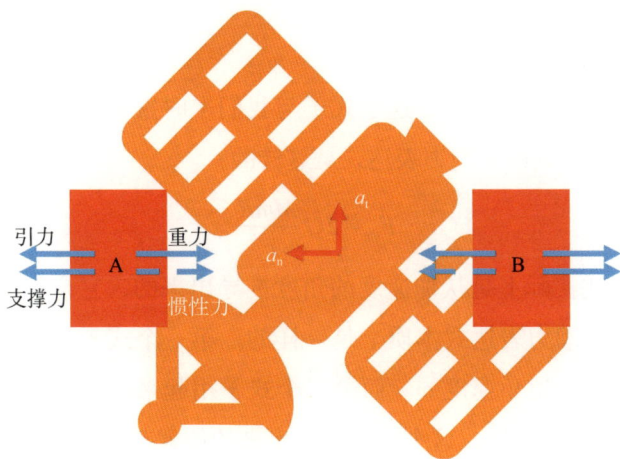

受力分析

在物体所受的这 4 个力中，大天体引力和惯性力的合力有一个专门的名字，称为引潮力。对于 A、B 两点来说，它们所受到的引潮力是这样的。

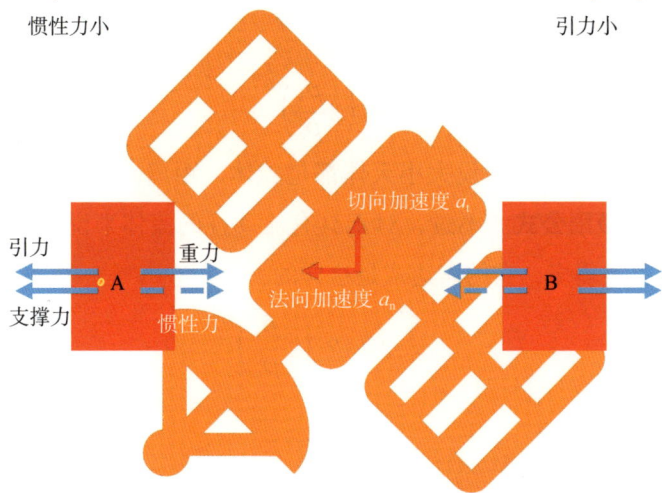

引潮力

引潮力的表达式可以写为

$$F_{潮} = G\frac{Mm}{r^2} - m\omega^2 r$$

其中 G 为引力常数，M 为天体质量，ω 为角速度，r 为半径。

不过，大家可能会发现，这个式子与我们平时常见的引潮力表达式不太一样。通常我们见到的引潮力表达式是这样的：

$$F_{潮} = 2G\frac{MmR}{r^3}$$

这个表达式实际上是从加速度的角度推导出来的，它是一个近似值。其实，上述两个引潮力表达式本质上是一样的。第一个式子是精确解，但是使用它的时候需要知道角速度 ω。而第二个式子用起来就比较方便，尤其是当 R 与 r 相差非常大的时候，这个式子计算出来的值就非常接近精确解了。

洛希极限：天体间的神秘"撕裂线"

洛希极限，简单来说，就是当引潮力等于小天体的引力时所对应的一个特殊距离 r 值。用公式表示就是

$$F_{潮} = 2G\frac{M_{大}mR}{r^3} = G\frac{M_{小}m}{R^2}$$

由此可以得出距离 r 的表达式为

$$r = R_{大}\left(2\frac{\rho_{大}}{\rho_{小}}\right)^{1/3}$$

在这个公式里，已假设大小天体都是球体，距离 r 用其密度表示。这就是**刚体的洛希极限公式**。不过，对于具有流动性的流体来说，计算洛希极限的过程可要复杂得多，它的表达式是这样的：

$$r \approx 2.44R_{大}\left(2\frac{\rho_{大}}{\rho_{小}}\right)^{1/3}$$

🧑 力学解释

洛希极限的极限：无能为力的刚体

洛希极限，是一个十分神奇又重要的概念，它指的是当引潮力与小天体

的引力达到平衡时的一种特殊状态。根据洛希极限的定义，如果小天体上的物体进入大天体的洛希极限范围内，那么此时引潮力就会大于小天体对物体的引力（也就是重力），这时候支撑力就会变成负数，意味着这个物体不再受小天体的束缚，会被大天体吸引过去，就像下面图中展示的那样。

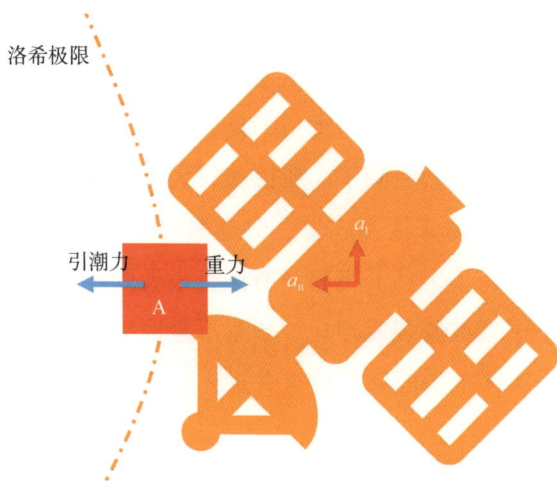

物体 A 进入洛希极限区域

　　如果 A 是流体，那么会出现非常有趣的现象。当物体 A 进入洛希极限区域后，已经在极限范围内的流体就会像有魔法一样"飞"起来，在临界点处的流体正要开始"起飞"，还没进入洛希极限范围的流体则依然被小天体的引力牢牢抓住。整个画面就像我们平时看到的"龙吸水"，只不过这里没有旋转，而且规模要比"龙吸水"大得多，就与《流浪地球》里地球大气被木星吸引的画面差不多。

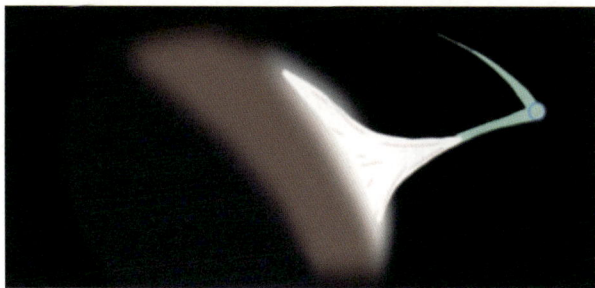

流体进入洛希极限区域后类似画面

对于流体出现的这种现象，大家可能比较容易理解。但还有个叫**刚体洛希极限**的概念，理解起来就有点难度。通常我们说的刚体，是指那种不会发生变形的物体。在我们的印象里，刚体好像不会断裂，也很少去考虑计算它的断裂情况。其实，**刚体洛希极限研究的主要是附着在小天体上的物体，而不是小天体本身**。

小天体上的物体，有的是直接放在表面，靠支撑力来保持平衡；有的是通过一些连接件连接着，靠约束力维持平衡。当小天体上的物体进入洛希极限区域后，支撑力很容易被突破了，所以像行人、凳子和桌椅这些放在小天体表面的物体，就很容易直接飞起来。但是那些被各种方式约束住的物体，因为有约束力的存在，不会马上飞起。所以，小天体在进入洛希极限区域的时候，并不会一下子就被撕裂成碎片，毕竟不是遇到黑洞那种超级强大的引力。夸张点说，小天体上的固体在接近并进入洛希极限区域后，形状会变得狭长，有点像椭圆。

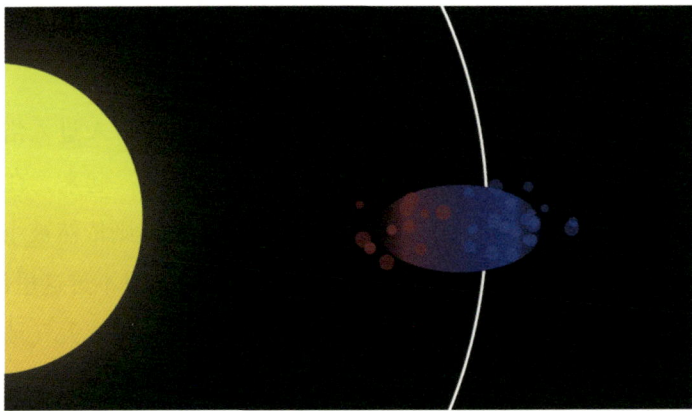

进入洛希极限区域

随着两个天体之间的距离越来越近，引潮力会变得越来越大。**当引潮力大到能够破坏物体的约束力时**，物体的结构才会被破坏。像黑洞就是一个很极端的例子，黑洞的引力大得惊人，在它强大的引潮力作用下，普通的岩石根本抵抗不了，一下子就会被"撕"成粉末。

在《流浪地球》的故事里，我们把地球和木星的质量代入公式计算，会得到刚体洛希极限是 54800km，而木星的半径是 71000km。这就意味着**地木之间的刚体洛希极限区域在木星的内部**。所以，地球在靠近木星的过程中，其实根本不需要考虑刚体洛希极限这个因素。地球表面的人和物体，直到撞到木星上，都不会先被木星的引力拉走。

假如把木星换成质量更大的天体呢？当地球进入这个天体的洛希极限后，首先地球表面的人和物会直接飞起来；其次像房屋、树木这些物体，会根据它们所受约束力的大小，先后飞起来；最后就是山脉、地壳板块等也会受到影响。不过，这些物体在飞离地球后，还是会保持一个整体的形态，就是说它们是整个飞起来的，不会像在搅拌机里一样被搅成粉末。所以地球进入质量更大的天体的洛希极限后，会变成大大小小一块一块的物体。

要是遇到质量超级大的天体，如黑洞，那情况就不一样啦。在黑洞巨大的引力和引潮力作用下，这些块状物体也没办法保持完整，巨大的拉力差会把它们撕得粉碎。

进入黑洞的洛希极限区域的任何物体被撕得粉碎

10

引力弹弓，宇宙航行加速器

🎞 **影视背景**

在科幻巨制《流浪地球》的故事里，人类通过对太阳的持续观测，惊悉一个可怕的事实：太阳极有可能在短短 400 年内发生氦闪。一旦氦闪爆发，太阳系将在这场剧烈的天体活动中彻底毁灭，人类也将失去赖以生存的家园。面对这灭顶之灾，人类内部出现了飞船派和地球派两种截然不同的求生方案。两派经过激烈的争夺与博弈，最终联合政府决定采纳地球派提出的"流浪地球"计划。

这个计划的核心目标是在最短时间内，将地球加速至太阳系逃逸速度，从而摆脱太阳系的束缚，前往新的家园。虽然在剧中核聚变技术已发展成熟，为行星发动机提供了动力基础，即便如此，发动机所能提供的推力依旧存在局限。按照流浪地球计划的设定，总计 1 万座基于核聚变技术的行星发动机，总推力为 150 万亿 t。然而地球的总质量高达 5.965×10^{24} kg，在如此巨大的质量面前，150 万亿 t 的推力仅能让地球获得 2.46×10^{-7} m/s² 的加速度。在不考虑其他任何复杂因素的理想情况下，依靠这个加速度，经年累月才能达到逃逸速度。但现实远比想象复杂，实际上仅凭借行星发动机的推力，要实现逃逸速度所需的时间更长。

💬 **提出问题**

从前面的分析可知，仅靠行星发动机，地球要达到太阳系逃逸速度困难重重。在真实的宇宙探索中，科学家为了让飞行器获得更高的速度，常常会

引力弹弓的木星

借助一种神奇的现象——引力弹弓效应。引力弹弓就像一个宇宙中的速度助推器，利用行星或其他天体的引力改变飞行器的速度和方向。

　　那么问题来了，在《流浪地球》中，地球能否借助引力弹弓效应更快地达到逃逸速度呢？引力弹弓背后又隐藏着怎样的力学原理？当巨大的地球靠近其他天体时，引力如何作用于地球，使其获得加速？大家不妨开动脑筋想一想，在这个充满挑战的流浪地球之旅中，引力弹弓能否成为帮助地球逃离太阳系的关键助力呢？

📖 基础知识

引力弹弓计划：宇宙航行的神奇加速术

　　在浩瀚无垠的宇宙中，人类的探索脚步从未停歇。为了让飞行器飞得更快、更远，科学家巧妙地利用了一种神奇的现象——引力弹弓效应。引力弹弓就像一把隐藏在宇宙深处的神秘钥匙，能够帮助飞行器获得额外的能量，实现速度的飞跃。

　　简单来说，引力弹弓就是借助大质量天体强大的引力，让引力对飞行器做功，使飞行器获得额外的能量，提升飞行速度。想象一下，当飞行器靠近大质量天体时，就像被一只无形的大手牵引着，它的轨道会发生改变，甚至有绕着天体旋转的趋势。

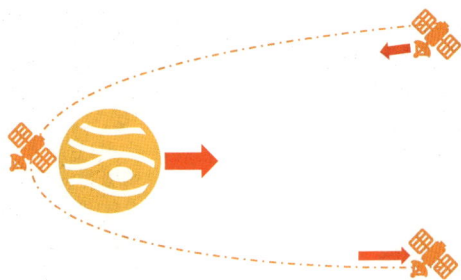

引力弹弓

　　为了便于理解，我们以大质量天体为参考系来分析产生引力弹弓的过程。它主要分为两个阶段：接近阶段和远离阶段。在**接近阶段**，随着飞行器逐渐靠近大质量天体，距离不断变小。这时候，引力就像一个勤劳的"小助手"，对飞行器做正功，而这些正功会全部转化为飞行器的动能。所以，在这个过程中，我们会看到飞行器的速度越来越快。而到了**远离阶段**，距离逐渐变大，引力开始"反方向工作"，对飞行器做负功，飞行器的动能又转化为势能。从这个角度看，如果仅仅以大质量天体为参考系，飞行器在经过天体后，它的速度与之前相比并没有增加。

　　但在实际的流浪地球计划中，地球要逃离太阳系，我们必须把参考系建立在太阳系上。飞行器在经过大质量天体的过程中，因为只有引力作用（引力是一种有心力），整个系统的**能量和动量都是守恒**的。也就是说

$$mv_1 + MV = mv_2 + MV'$$

$$\frac{1}{2}mv_1^2 + \frac{1}{2}MV^2 = \frac{1}{2}mv_2^2 + \frac{1}{2}mV'^2$$

式中，v_1、v_2 分别为飞行器初态和末态的速度；V、V' 分别为天体初态和末态的速度。不过，飞行器和天体的速度方向往往不在同一条直线上，这就需要考虑入射角度的问题，所以这个式子没办法直接计算出飞行器末态的速度。

　　但是，有一种特殊情况，如果入射角度与天体速度方向一致，也就是发生**对心碰撞**，我们就可以计算出飞行器碰撞后的速度为

$$v_2 = \frac{v_1(M-m) + 2mV}{m+M}$$

$$V' = \frac{V(M-m) + 2mv_1}{m+M}$$

当大质量天体的质量 M 远远大于飞行器的质量 m 时，v_2 就接近于 $2V$，而 V' 几乎保持不变。这意味着，如果飞行器与天体对心碰撞后反弹，它大约可以**获得 2 倍天体的速度**。当然，在现实中，引力弹弓不可能是标准的对心碰撞，所以飞行器通过引力弹弓效应获得的额外速度，极限就是天体速度的 2 倍。

通过对引力弹弓原理的了解，大家是不是觉得宇宙充满了无限的奥秘？不妨开动脑筋，大胆想象，也许你能发现更多宇宙的秘密。

🧑 力学解释

《流浪地球》中的引力弹弓与地球木星交互

在《流浪地球》宏大的科幻设定里，地球与木星的相遇是至关重要的情节，其中涉及的引力弹弓效应及天体力学知识，充满了奇妙与挑战。

地球的质量约为 $5.965 \times 10^{24} \text{kg}$，平均公转速度达到 29.783km/s；而木星作为太阳系的"巨无霸"，质量高达 $1.90 \times 10^{27} \text{kg}$，平均公转速度为 13.07km/s。在理想状态下，我们运用引力弹弓效应计算，地球在借助木星引力加速后，速度能够达到 55.66km/s，这将大大助力地球逃离太阳系的征程。

然而，地球在木星引力助推时，必须保证自身不被木星捕获。这就涉及一个关键的安全距离计算。假设地球围绕木星做圆形轨道运动，根据法向加速度的相关公式，我们可以得到轨道半径与速度之间的关系，如下图所示。这个关系对于地球安全靠近木星并利用引力弹弓效应至关重要。

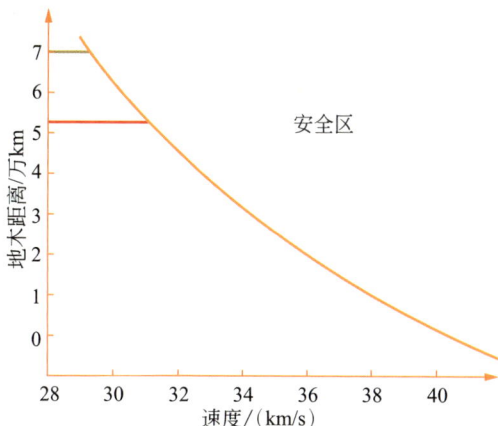

轨道半径与速度关系

在利用引力弹弓效应实施过程中，当地球切入木星引力范围时，速度方向与轨道高度并非垂直。此时，切入速度可以分解为切向速度和垂直的法向速度。切向速度能让地球有绕木星旋转的趋势，法向速度却像是一把双刃剑，如果控制不好，就会使地球直接撞向木星。

在电影中的点燃木星计划实施时，地球处于距木星 7 万 km 的高空。从理论上讲，这个高度本可以让地球在被木星引力捕获的情况下成为木星的卫星，而不至于坠落。但由于法向速度的存在，地球想要安稳地成为木星卫星的幻想破灭了。法向速度让地球与木星的交互变得更加复杂，也让地球在这场冒险中面临更多的不确定性。

从这些复杂的天体力学现象中，我们可以看到宇宙的奥秘和科幻作品背后严谨的科学逻辑。不妨思考一下，如果让你设计地球借助木星引力的方案，你会如何巧妙地控制地球切入木星的速度和轨道，让地球顺利逃离太阳系呢？

参考文献

[1] 胡海岩 , 等 . 力学工程问题 [M]. 北京 : 科学出版社 , 2024.

[2] 杨卫 . 力学基本问题 [M]. 北京 : 科学出版社 , 2024.

[3] 杨卫 , 赵沛 , 王宏涛 . 力学导论 [M]. 北京 : 科学出版社 , 2024.

[4] 付君窈 . 地铁车站踩踏事故情景推演与应急决策研究 [D]. 大连 : 大连交通大学 , 2024.

[5] 池福俭 , 谭玉生 , 罗鹏飞 . 结构抗鸟撞强度分析技术研究 [J]. 飞机设计 , 2024, 44(6): 31-39.

[6] 高占华 . 机场鸟击防范体系信息化建设构想 [J]. 中国民航飞行学院学报 , 2024, 35(4): 49-54.

[7] 刘冬雨 , 刘宏 , 刘业超 , 等 . 空间站组合臂安装载荷的自主安全操控策略 [J]. 宇航学报 , 2024, 45(2): 303-313.

[8] 雷武涛 , 赵轲 , 杨华 . 大型运输类飞机设计中雷诺数效应问题研究进展 [J]. 空气动力学学报 , 2024, 43(X): 1-16.

[9] 孟占峰 , 高珊 , 赵峭 , 等 . 嫦娥六号飞行方案的任务几何规划方法 [J]. 中国空间科学技术 (中英文), 2024, 44(6): 1-15.

[10] 吴泽斌 , 田济扬 , 刘荣华 , 等 . 山洪灾害临近预报预警技术及实践应用 [J]. 中国防汛抗旱 , 2024, 34(12): 41-45.

[11] 王巍 , 郭佩 , 尹钊 . 空间站航天技术试验发展与展望 [J]. 空间科学与试验学报 , 2024, 1(1): 1-12.

[12] 付毅飞 . 嫦娥六号月背软着陆背后的硬技术 [N]. 科技日报 , 2024-06-03(001).

[13] 哈尔滨工业大学理论力学教研室.理论力学（第九版）[M].北京：高等教育出版社，2023.

[14] 封强.深度学习框架下微地震信号识别与震源定位方法研究[D].长春：吉林大学，2023.

[15] 韩菁雯.城市地震灾害应急能力差距量化研究[D].徐州：中国矿业大学，2023.

[16] 高占阳，石晓斌.冬奥首钢滑雪大跳台结构设计优化研究[J].工业建筑，2023,53(S1): 335-336, 245.

[17] 胡成威，李大明，王耀兵，等.空间站机械臂方案设计及验证[J].中国航天，2023(1): 21-28.

[18] KENTA I, CLÉMENT M, KENTO Y. Odd elastohydrodynamics: non-reciprocal living material in a viscous fluid[J]. PRX LIFE, 2023: 023002.

[19] 刘祥，孙浩博，张俊峰，等.高强度桥梁缆索用钢研究现状和发展趋势[J].鞍钢技术，2023(1): 9-13, 62.

[20] 衣秉立，张军强，于嗣佳，等.高超声速风洞测压试验技术综述[C]// 中国航空学会飞行器载荷分会.第一届中国飞行器载荷学术大会论文集.中国航空工业集团公司空气动力研究院，2023.

[21] 谷月.手机玻璃：“硬碰硬”的较量[N].中国电子报，2023-12-05(007).

[22] 程志浩，王鹏，汤国建.高超声速飞行器滑模控制参数整定方法设计[J].飞控与探测，2022, 5(6): 19-25.

[23] GAO Q Y, HAI Y Z, XIAO L Q. Research Development of Axial Flow Fan in Low Speed Wind Tunnel in CARDC[J]. Chinese Journal of Turbomachinery 2022, 64(6): 68-73.

[24] 傅文炜，罗尧治，万华平，等.基于表面应变的国家速滑馆拉索索力实测方法研究[J].土木工程学报，2022, 55(9): 9-16.

[25] 何青松，王立武，王寒冰，等.航天器海上伞降回收技术发展与展望[J].航天器工程，2021, 30(4): 124-133.

[26] 肖赟辰.群伞减速载人飞船返回舱回收着陆过程建模与控制研究[D].南京：南京航空航天大学，2021.

[27] 孟繁孔，陈灵，王帅，等.中国新一代载人飞船返回舱热控设计优化研究[J].航天返回与遥感，2021, 42(4): 10-21.

[28] 杨文涛，王向荣，王超，等. 首钢滑雪大跳台结构设计及要点分析 [J]. 建筑结构，2021, 51(6): 74-78, 58.

[29] 孙冬，赵亮，黄莹，等. 运动生物力学视角下残疾人体育竞技表现提升研究进展 [J]. 体育科学，2020, 40(5): 60-72.

[30] 于永建，侯新杰. 电影《流浪地球》相关原始物理问题探讨 [J]. 物理教学，2019, 41(11): 77-80, 76.

[31] 高婉玲. 高层民用建筑消防设施施工质量管理研究 [D]. 北京：北京化工大学，2018.

[32] 于凤军. 过客流体天体的洛希极限 [J]. 大学物理，2018, 37(8): 8-12.

[33] 王哲，白光波，陈彬磊，等. 国家速滑馆钢结构设计 [J]. 建筑结构，2018, 48(20): 5-11.

[34] 刘鸿文. 材料力学 I[M]. 6 版. 北京：高等教育出版社，2017.

[35] 周骥. 速滑冰刀的参数化设计及摩擦特性分析 [D]. 长春：吉林大学，2016.

[36] MAO G Y, HUANG X Q, DIAB M, et al.. Nucleation and propagation of voltage-driven wrinkles in an inflated dielectric elastomer balloon[J]. Soft matter, 2015, 11(33): 6569-6575.

[37] 曲安. 乒乓球轮椅的分析与评价研究 [D]. 大连：大连交通大学，2010.

[38] 刘军. 基于人机工程学的竞速轮椅研究 [D]. 大连：大连交通大学，2008.

[39] 马笑玲. 一种新型篮球运动轮椅的设计与分析 [D]. 大连：大连交通大学，2007.

[40] 张刚. 管涌现象细观机理的模型试验与颗粒流数值模拟研究 [D]. 上海：同济大学，2007.

[41] 方方. 神舟飞船返回舱气动设计综述 [J]. 航天器工程，2004, 13(1): 124-131.

[42] 董彦芝. 神舟飞船防热大底结构设计 [J]. 航天器工程，2002, 11(4): 34-37.

[43] 王元清，石永久，陈宏，等. 现代轻钢结构建筑及其在我国的应用 [J]. 建筑结构学报，2002, 23(1): 2-8.

致谢

　　我衷心感激我的恩师——南京航空航天大学高存法教授。是他引领我，一个初出茅庐的学子，步入力学这一充满魅力的领域；从硕士阶段直至博士毕业，在近7年的求学路上，我得以不断成长与进步。高老师严谨的学术作风和敬业的教学精神对我影响深远，不仅帮助我构建了坚实的力学理论基础，更在无形中锤炼我的科研素养，塑造了我的工作态度。即便在我毕业后，高老师仍旧时刻关心着我的职业发展和个人生活。值本书即将付梓之际，高老师欣然应允为本书作序，这份来自恩师的认可，令我深感荣幸与喜悦。

　　感谢江苏省力学学会，正是因为有了学会的全力支持与协助，本书中一篇篇科普短文才能顺利成型并最终集结成册。特别要感谢学会的钱向东理事长和邬萱理事长对本书出版给予的鼎力支持。同时，也要感谢学会副秘书长张姝姝女士长期以来的密切合作，共同商讨科普活动的细节，为本书成文贡献力量。尤其感恩的是，张姝姝副秘书长引荐我加入江苏省力学学会，我荣幸地成为科普工作委员会的副秘书长，这一身份让我的科普工作更加系统化和专业化。在此，我还要感谢科普工作委员会的所有同人，期待继续共同推进江苏省的力学科普工作。

　　感谢南京农业大学，特别是工学院，在我任职的13年间，为我提供一个卓越的科研、教学及科普工作的平台。得益于学院领导的鼎力支持，我才能够满怀信心地持续开展科普工作。此外，在学院领导的引荐之下，我有幸加入了江苏省农业工程学会，并且同样荣幸地担任了科普与教育工作委员会的秘书长一职，这一身份让我的科普工作变得更加多元和跨学科。同时，我也要感谢南京农业大学科学技术协会，尤其是姚雪霞女士，在南京农业大学科学技术协会的大力支持与帮助下，我荣获一些科普领域的奖项，这些荣誉不仅是对我的肯定，更是对我的鼓励和鞭策。此外，学校图书馆丰富的资源成了我开展科研、教学活动以及科普工作的重要素材，使得我的科普内容更为严谨和科学。

感谢工学院的特色经济作物与循环农业技术装备团队的每一位老师和学生。自从加入这个团队以来，这里浓厚的科研氛围不仅为我提供了一个积极向上的工作环境，还持续推动我在专业领域内取得进步。团队内部所倡导的合作精神与开放心态，让我深切感受到了大家庭般的温暖和支持。在这个团队里，无论是经验丰富的教师还是充满活力的学生，都对我的科普工作给予了极大的理解和支持。正是有了他们的鼓励，我才得以在繁忙的教学与科研任务之余，仍然全身心地投入科普事业中，不断地探索和尝试，力求用更加生动有趣的方式向公众普及科学知识。

感谢腾讯新闻科普频道的梁聪女士。本书中的许多科普短文的灵感，均源自梁聪女士的宝贵建议。她敏锐的洞察力和对大众兴趣点的精准把握，不仅使得这些科普内容更加贴近公众的关注焦点，还使力学这一专业领域的知识以更加生动有趣的方式呈现出来，从而吸引了更多读者的目光。

感谢工学院的张一诺、朱耀辉、王蕊三位同学。他们以灵动的创造力为本书绘制了部分插画，以独特的视角诠释了科学的魅力。

感谢江苏省学会服务中心、江苏省力学学会、南京农业大学的经费支持！

最后，我要特别感谢我的家人——妻子杨玲女士和女儿王景伊同学。本书所有的初步科普文稿都经过杨玲女士的审阅，她帮助我剔除其中过于晦涩难懂的专业性分析，并提供更为通俗易懂的表述建议。同时，王景伊同学也为本书的初期插图设计提出宝贵的建议，使插图更加贴近青少年的审美趣味。

2025 年 6 月 11 日